"十四五"职业教育国家规划教材配套用书

职业教育·通用课程教材

应用力学学习指导

（第2版）

孔七一　主　编
邓　林　副主编
李　勇　主　审

人民交通出版社

北　京

内 容 提 要

本书是"十四五"职业教育国家规划教材《应用力学》(第4版)(孔七一主编,ISBN 978-7-114-19474-0)(以下称为主教材)的配套用书。主要介绍应用力学中的基本理论、学习方法、习题解答和解题技巧。

本书内容包括导论和十个课题,后者与主教材的十个学习课题相对应。每个课题由五部分组成内容:学习目标进一步明确了知识点和能力点;重难点与学习建议分析了学习重点、难点和学习方法;习题解析提供了主教材中习题的解题思路和解题过程;自测题为学生提供自主学习资料,检测学习效果;阅读材料中的力学应用计算、事故案例和工程项目可以扩展学生知识面,增加职业认知。

本书能帮助学习者掌握应用力学的基本内容,抓住重点,破解难点,具备分析问题、解决问题和力学知识的应用能力。本书可以作为高职院校道路运输类专业力学课程的教学辅助资料,也可作为相关技术人员的学习参考用书。

图书在版编目(CIP)数据

应用力学学习指导/孔七一主编. —2 版. —北京:
人民交通出版社股份有限公司,2024.6
ISBN 978-7-114-19338-5

Ⅰ.①应… Ⅱ.①孔… Ⅲ.①应用力学—职业教育—
教学参考资料 Ⅳ.①O39

中国国家版本馆 CIP 数据核字(2024)第 071411 号

        "十四五"职业教育国家规划教材配套用书
        职业教育·通用课程教材
        Yingyong Lixue Xuexi Zhidao

书 名	应用力学学习指导(第 2 版)
著 作 者	孔七一
责任编辑	刘 倩
责任校对	赵媛媛 卢 弦
责任印制	刘高彤
出版发行	人民交通出版社
地 址	(100011)北京市朝阳区安定门外外馆斜街 3 号
网 址	http://www.ccpcl.com.cn
销售电话	(010)59757973
总 经 销	人民交通出版社发行部
经 销	各地新华书店
印 刷	北京建宏印刷有限公司
开 本	787×1092 1/16
印 张	8.75
字 数	210 千
版 次	2019 年 10 月 第 1 版 2024 年 6 月 第 2 版
印 次	2024 年 6 月 第 2 版 第 1 次印刷 总第 3 次印刷
书 号	ISBN 978-7-114-19338-5
定 价	25.00 元

(有印刷、装订质量问题的图书,由本社负责调换)

本书是与"十四五"职业教育国家规划教材《应用力学》(第 4 版)(孔七一主编,ISBN 978-7-114-19474-0)(以下称为主教材)配套的供教师教学和学生学习使用的指导书,也可作为一本独立旳力学参考书。

本书旨在帮助学习者掌握应用力学的基本内容,抓住重点,破解难点,针对各部分特点掌握相应的学习方法和解题步骤;在学好理论知识基础上,结合工程实例扩展知识面,从而提高综合分析和实践应用能力。

全书内容与主教材的内容相对应,亦分为导论和十个课题,每个课题包括五方面内容,分别是:

(1)学习目标。进一步强调了具体的知识目标及能力目标。

(2)重难点与学习建议。归纳基本内容,明确学习重点,分析应用难点,指导学习方法。

(3)习题解析。对主教材中绝大部分的习题和部分教材习题之外的典型题目进行了全面的解析或解题提示,分析了解题思路、方法和技巧,图文并茂,适应当代学生的阅读习惯。

(4)自测题及答案。该部分自测题请读者尽量闭卷独立完成,可用以检验学习效果。

(5)阅读材料。结合工程实践和力学应用,选取了部分工程结构、事故案例、趣味力学知识供教师选择,既能扩展学生知识面,增加职业认知,又能使学生联系实际学习力学知识,学以致用。

本版教材修订由湖南交通职业技术学院力学课程团队教师合作完成。编写分工如下:孔七一、邓林编写了导论、课题一、四、八;邹宇峰编写了课题五、六、七;向秋燕编写了课题二、三;池漪编写了课题九、十;全书由孔七一统稿并担任主编,由邓林担任副主编,湖南联智桥隧技术公司李勇担任主审。

　　限于编者水平,书中难免存在错漏之处,欢迎读者批评指正。相关意见和建议可发至编辑邮箱:516628809@qq.com,以便重印时修改。

编　者
2024 年 1 月

前·言
Preface

　　本书是为"十四五"职业教育国家规划教材《应用力学》(孔七一主编)配套使用的教师和学生用书,也是学习应用力学课程的辅导用书。

　　本书内容能帮助学习者掌握应用力学的基本内容,抓住重点,分清难点;针对各部分特点掌握学习方法和解题步骤;在学习的基础上结合工程实例扩展知识面,从而提高分析、综合和实践应用能力。

　　本书包括五方面内容。

　　(1)学习目标与要求。进一步明确了具体的知识目标及能力目标。

　　(2)学习内容与建议。归纳基本内容,明确学习重点,分析应用难点,指导学习方法。

　　(3)习题解析。对《应用力学》教材中的约95%的习题和部分教材习题之外的典型题目进行了全面的解析或解题提示,分析了解题思路、方法和技巧。

　　(4)自测题与答案。读者尽量闭卷独立完成,可用以检验学习效果。

　　(5)阅读材料。结合工程实践和力学应用,选取了部分工程结构、事故案例、趣味力学知识供教师选择,同时可为学习者联系实际学习力学,学以致用。

　　本次修订由湖南交通职业技术学院力学课程团队教师合作完成。由孔七一担任主编。具体分工为孔七一(导论、课题一、四、八);邹宇峰(课题五、六、七);由向秋燕(课题二、三);池漪(课题九、十)。

　　欢迎读者对本书不足之处批评指正。

编 者

2023 年 3 月

目·录
Contents

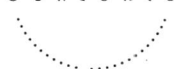

导论
INTRODUCTION

一、学习目标

(1)能叙述应用力学的研究对象和研究任务。

(2)能够正确进行荷载的简化和计算。

(3)会准确判别二力构件。

(4)能举例说明杆件的四种基本变形形式。

二、重难点与学习建议

1.重难点

(1)刚体——受力作用后不产生变形的物体。

(2)变形固体——按照连续、均匀、各向同性假设而理想化了的一般变形固体。

(3)强度——构件抵抗破坏的能力。构件在工作条件下不发生破坏,即满足了强度要求。

(4)刚度——构件抵抗变形的能力。结构或构件在工作条件下所发生的变形未超过工程允许的范围,即满足了刚度要求。

(5)稳定性——结构或构件保持原有形状或稳定平衡状态的能力。

(6)杆件的基本变形形式——轴向拉伸与压缩、剪切与挤压、扭转、弯曲。

(7)荷载类型:

①集中荷载(集中力)——作用于一点的力。当作用面积相对于物体很小时可近似地看作一个点。

②分布荷载(分布力)——作用面积较大的力。

当荷载连续作用于整个物体的体积上时,称为体荷载。

当荷载连续作用于物体的某一表面积上时,称为面荷载。

当物体所受的力沿着一条线连续分布且相互平行时,称为线分布力或线荷载。

2.学习建议

学习这部分内容要求深刻理解概念和基本公理的内涵,这些基本的结论将在应用力学的学习过程中广泛应用。

三、习题解析

1. 以下说法对吗？［见《应用力学》（第4版）（孔七一主编，ISBN 978-7-114-19474-0）（以下简称"主教材"）复习思考题0-1］

（1）处于平衡状态下的物体都可以抽象为刚体。（×）

（2）当研究物体在力系作用下的平衡规律和运动规律时，可将物体视为刚体。（×）

（3）在微小变形的情况下，处于平衡状态下的变形固体也可以视为刚体。（√）

2. 二力平衡公理和作用与反作用公理有何不同？（见主教材复习思考题0-2）

解：二力平衡公理与作用和反作用公理的本质区别在于：作用力和反作用力是分别作用在两个不同的物体上，而二力平衡条件中的两个力则是作用在同一个物体上，它们是一对平衡力。

3. 什么叫二力构件？分析二力构件受力时与构件的形状有无关系？（见主教材复习思考题0-3）

解：只受到两个力作用而处于平衡的构件称为二力构件。分析二力构件受力时与构件的形状无关。

4. 凡两端用光滑铰链连接的杆都是二力杆件吗？凡不计自重的杆件都是二力杆件吗？（见主教材复习思考题0-4）

解：两端用光滑铰链连接的杆不一定是二力杆件。不计自重的杆也不一定是二力杆件。二力杆件一定是只受到两个力的作用而处于平衡的杆件。杆端连接形式和是否考虑自重不是判断二力杆件的依据。

5. 指出图0-1中哪些杆件是二力构件？（未画出重力的物体都不计自重。）（见主教材复习思考题0-5）

解：二力构件是指只受两个力而处于平衡的构件，符合二力平衡公理。因此，这两个力的大小相等，方向相反，作用线就是两个力作用点的连线。

图0-1a)AC杆；图0-1b)AB杆、DF杆；图0-1c)BC杆；图0-1d)BE杆。

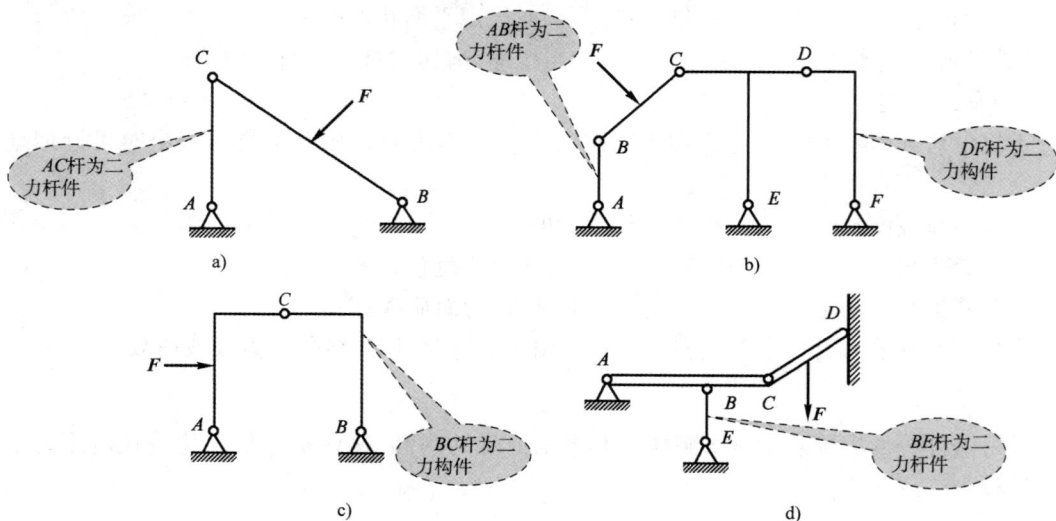

图 0-1

四、自测题及答案

填空题

(1)受力作用后而不产生变形的物体称为_____。

(2)强度是指构件抵抗_____的能力。

(3)刚度是指构件抵抗_____的能力。

(4)结构或构件保持原有形状或稳定平衡状态的能力称为_____。

(5)杆件的 4 种基本变形形式分别为:轴向拉伸与压缩、剪切与挤压、_____、_____。

(6)刚体受两个力而处于平衡,这两个力一定大小_____,方向_____,作用在一条直线上。

(7)杆系结构是由_____组成的结构。

(8)使物体的运动速度大小或运动方向发生变化的效应,称为力的_____效应。

(9)力的三要素是指力_____、_____、_____。

(10)作用在同一物体上的一群力称为_____。

参考答案:

填空题

(1)刚体

(2)破坏

(3)变形

(4)稳定性

(5)扭转;弯曲

(6)相等;相反

(7)杆件

(8)外

(9)大小;方向;作用点

(10)力系

五、阅读材料

国家体育场的结构与施工特点

国家体育场(鸟巢)为 2008 年北京奥运会的主体育场,2003 年 12 月 24 日开工建设,2008 年 3 月完工,总造价 22.67 亿元,总占地面积约 21hm²,场内观众座席约为 91 000 个。体育场由雅克·赫尔佐格、德梅隆、艾未未以及李兴刚等设计,由北京城建集团负责施工。体育场的形态如同孕育生命的"巢"和摇篮,寄托着人们对未来的希望。作为国家标志性建筑,国家体育场具有鲜明的结构特点和施工特点。

1. 结构特点

1）基座

体育场的基座从城市的地面上缓缓隆起，与体育场的几何体合二为一，如同树根与树。行人走在平缓的格网状石板步道上，步道延续了体育场的结构肌理。步道之间有下沉的花园，石材铺装的广场，竹林、矿质般的山地景观，以及通向基座内部的开口。体育场入口处的地面略微升高，从这里可以浏览整个奥林匹克公园建筑群的全景。

2）屋顶

体育场的外观就是纯粹的结构，立面与结构是统一的。各个结构元素之间相互支撑，汇聚成网格状，就像编织一样，将建筑物的立面、楼梯、碗状看台和屋顶融合为一个整体。为了使屋顶防水，体育场结构间的空隙被透光的膜填充。

3）外形结构

"鸟巢"外形结构主要由巨大的门式钢架组成，共有24根桁架柱。国家体育场建筑顶面呈鞍形，长轴为332.3m，短轴为296.4m，最高点高度为68.5m，最低点高度为42.8m。

在保持"鸟巢"建筑风格不变的前提下，设计方案对结构布局、构件截面形式等进行了较大幅度的调整与优化。原设计方案中的可开启屋顶被取消，屋顶开口扩大，并通过钢结构的优化大大减少了用钢量。大跨度屋盖支撑在24根桁架柱之上，柱距为37.96m。主桁架围绕屋盖中间的开口呈放射形布置，有22榀主桁架直通或接近直通。为了避免出现过于复杂的节点，少量主桁架在内环附近截断。钢结构大量采用由钢板焊接而成的箱形构件，交叉布置的主桁架与屋面及立面的次结构一起形成了"鸟巢"的特殊建筑造型。主看台部分采用钢筋混凝土框架-剪力墙结构体系，与大跨度钢结构完全脱开。

4）Q460钢材的运用

"鸟巢"结构设计奇特新颖，其所用钢材Q460也有很多独到之处。Q460是一种低合金高强度钢，它在受力强度达到460MPa时才会发生塑性变形，这个强度要比一般钢材大，因此生产难度很大。这是我国在建筑结构上首次使用Q460钢材，而这次使用的钢板厚度达到110mm，在我国材料史上是绝无仅有的。在我国的国家标准中，Q460钢材的最大厚度也只是100mm。以前这种钢一般从卢森堡、韩国、日本进口。为了给"鸟巢"提供"合身"的Q460，从2004年9月开始，河南舞阳特种钢厂的科研人员开始了长达半年多的科技攻关，经过前后3次试制终于获得成功。2008年，400t自主创新、具有知识产权的国产Q460钢材撑起了"鸟巢"的钢筋铁骨。

5）特殊结构

在"鸟巢"顶部的网架结构外表面有一层半透明的膜。使用这种膜后，体育场内的光线不是直射进来，而是通过漫反射，光线更柔和，由此形成的漫射光还可解决场内草坪的维护问题，同时膜也起到为座席遮风挡雨的作用。

2. 施工特点

1）构件体型大，单体重量大

作为屋盖结构的主要承重构件，桁架柱最大断面达25m×20m，高度达67m，单榀最重达500t。而主桁架高度12m，双榀贯通最大跨度（145.577+112.788）m，不贯通桁架最大跨度

102.391m,桁架柱与主桁架体型大、单体重量大。

2)节点复杂,安装精度要求高

由于该工程中的构件均为箱形断面杆件,所以,无论是主结构之间,还是主次结构之间,都存在多根杆件空间交汇现象。加之次结构复杂多变、规律性少,造成主结构的节点构造相当复杂,节点类型多样,制作、安装精度要求高。

3)构件翻身、吊装难度大

为降低组装难度,本工程中的桁架柱采用卧拼法,主桁架采用平拼法(内圈主桁架立拼除外),故在拼装结束后、吊装前必须进行翻身工作。由于构件体型大、重量大,翻身时吊点的设置和吊耳的选择难度较大,特别是桁架柱的翻身,吊耳在翻身和吊装时的受力有所变化,需考虑三向受力。同时,翻身过程中的稳定性比较难控制。由于桁架柱和主桁架的分段口均为箱形断面,分段吊装时存在多个管口对接的问题,对于箱形断面,要保证多个管口的对口精度,难度巨大。起吊时,必须调整好分段构件的角度和方位,而对于体型大、重量大的构件,角度调节相当困难,吊装难度大。

4)高空构件稳定难度大

由于本工程采用散装法(即分段吊装法),分段吊装时,高空构件所受的风载较大,在分段未连成整体或结构未形成整体之前,稳定性较差,特别是桁架柱的上段和分段主桁架的稳定性较差,必须采用合理的吊装顺序(尽量首尾相接、分块吊装)和侧向稳定措施(如拉锚、缆风绳等)。

5)安装精度控制难

由于施工过程中结构本身因自重和温度变化均会产生变形,而且支撑胎架在荷载作用下也会产生变形,加之结构形体复杂,均为箱形断面构件,对位置和方向的精度要求非常高,受现场环境、温度变化等多方面的影响,安装精度极难控制,施工难度大。施工时必须采取必要的措施,提前考虑好如何对安装误差进行调整,如何进行测量和监控,使变形在受控状态下完成,以保证整体造型和施工精度符合要求。

6)质量与施工要求高

本工程无论是外观质量(如外形尺寸、焊缝外观等),还是内在质量(如焊缝质量、焊接残余应力消除等),要求都相当高。同时,大跨度空间结构的温度变形和温度应力较大,为此,设计时确定了分块合龙的施工方案并对合龙温度做了相应要求,操作难度大。

材料来源:节选自百度百科
https://baike.baidu.com/item/国家体育场/1297632

课题一
SUBJECT ONE
结构计算简图与物体受力分析

一、学习目标

（1）能够识别工程中常见约束的基本类型和特性。

（2）能够对工程结构进行简化并绘制其计算简图。

（3）能够快速准确地画出物体或物体系统的受力图。

二、重难点与学习建议

1. 重难点

1）约束的概念

约束是对物体间相互作用形式的归纳和抽象化。约束的类型较多,学习时可按以下思路:约束概念→约束构造→约束性质→约束反力。

约束——阻碍物体运动的限制物。

约束反力——约束给予被约束物体的作用力。它总是与约束所能阻碍物体的运动方向相反。

2）约束类型及其反力

柔体约束——由绳索、皮带、链条等构成的约束。柔体约束只产生沿着索线方向的拉力。

光滑面约束——约束与被约束物体刚性接触,忽略接触面的摩擦,由刚性平面或曲面构成的约束。光滑面约束反力沿着接触面的公法线方向,恒为压力。

圆柱铰链约束——由圆孔和销钉构成的约束,它只提供一个方向不确定的约束力,该约束力也可以分解为互相垂直的两个分力。

固定端约束——约束与被约束物体在约束处既不能移动也不能转动。固定端约束可以分解为两个互相垂直的约束力分量和一个约束力偶。

定向支座——被约束物体在支承处不能转动,不能沿垂直于支承面的方向移动,但可沿支承面方向滑动。定向支座可用垂直于支承面的两个平行链杆表示,其约束反力为一个垂直于支承面(通过支承中心点)的力和力偶。

3）结构的计算简图

用来代替实际结构的简化图形称为结构的计算简图。在对实际结构进行计算之前,通常保留表现其结构和受力的主要因素,略去次要因素,得到一个简化的图形以方便计算。

确定结构计算简图是土木工程技术人员的一项基本技能,学习过程中必须加以重视。要能快速准确地绘制一个结构的计算简图,其过程通常包括:荷载的简化、构件的简化、支座的简化、节点的简化、结构系统的简化等。

4)受力图的画法及步骤

(1)根据题意选取研究对象,并将其分离出来,单独画出其轮廓图形。

(2)首先画出该研究对象(分离体)上所受的全部主动力。

(3)在研究对象(分离体)上画出约束反力。约束反力要严格按照约束类型来画。注意确定二力杆件。对于方向不能预先独立确定的约束反力,可用互相垂直的两个分力表示,指向可以假设。

(4)检查是否多画、少画、错画了力。

(5)对于物体系统注意只画外力,内力一律不画。

2. 学习建议

在学习受力分析和受力图绘制时,建议联系生活实际中的对象进行对比分析,研究对象的受力状态要符合实际情况。

三、习题解析

1. 试画出图 1-1 ～ 图 1-6 中各物体的受力图。假定各接触面都是光滑的,未注明重力的物体都不计自重。(见主教材习题 1-1)

解:分析图 1-1a):圆球与两斜面接触,不计摩擦,属于光滑面约束。按照光滑面约束反力的特点,反力过接触点,沿接触面的公法线方向,且是压力,反力箭头指向物体。受力分析与受力图如图 1-1b)所示。

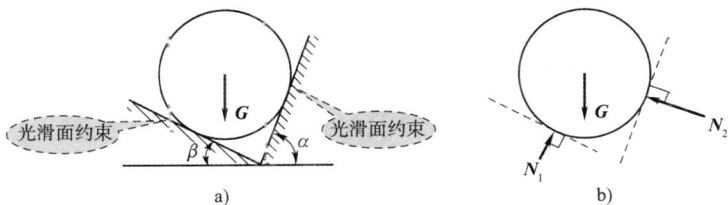

图 1-1

分析图 1-2a):圆球上部被绳索拉住,是柔体约束,按拉力画出,反力箭头背离物体;下部靠在尖角处,属于光滑面约束,反力垂直于接触点切线,沿公法线方向指向物体。受力分析与受力图如图 1-2b)所示。

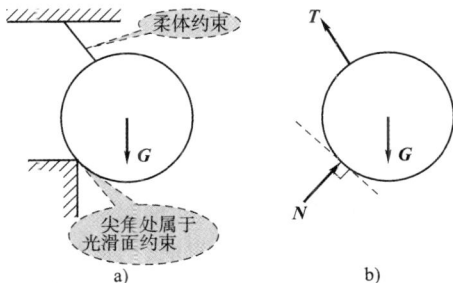

图 1-2

分析图 1-3a）：直杆在 B、C、D 三个尖点处不计摩擦，属于光滑面约束，按照光滑面约束反力特点，三个反力都过接触点，沿公法线方向画出压力，箭头指向物体。受力分析与受力图如图 1-3b）所示。

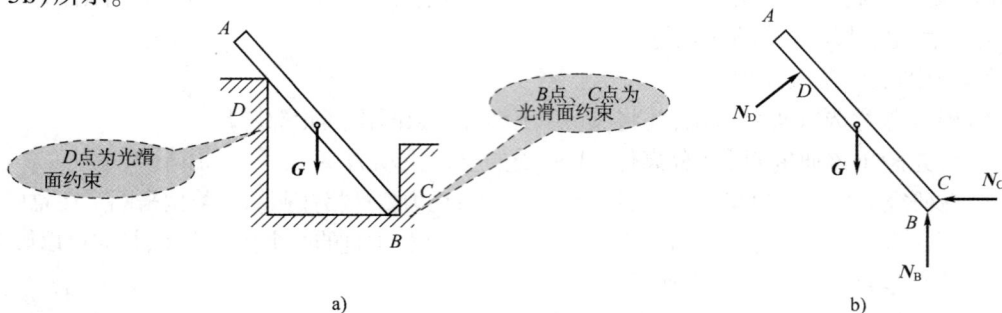

图　1-3

分析图 1-4a）：直杆 AB 在 D 点被绳索拉住，是柔体约束，画拉力 T。杆 A 点属于圆柱铰链约束，约束反力不确定，用一对垂直分力 X_A、Y_A 表示，力的箭头指向可假定。受力分析与受力图如图 1-4b）所示。

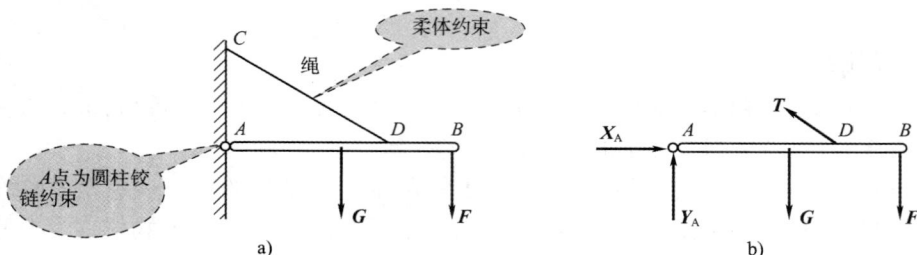

图　1-4

分析图 1-5a）：支架由 AB 杆和 CD 杆通过 C 铰相连。CD 杆在两端受力且重力不计，是二力杆件，两个力的作用线与 CD 杆轴线重合，此杆受压力。如果不能确定是拉力还是压力，可假定两个力的指向。受力分析与受力图如图 1-5b）、c）所示。

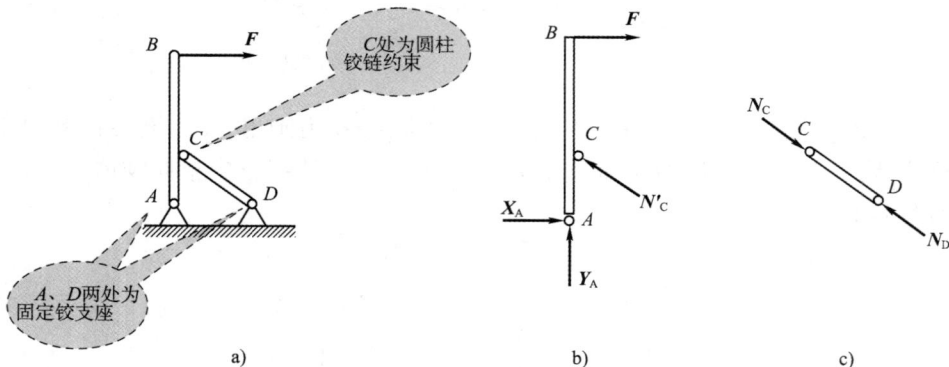

图　1-5

分析图 1-6a）：起重装置的重物通过定滑轮上的钢丝绳与吊臂 AB 相连。钢丝绳为柔体约束，支座 A 为固定铰支座。杆 A 点属于圆柱铰链约束，约束反力不确定，用一对垂直分力 X_A、Y_A 表示，力的箭头指向可假定。受力分析与受力图如图 1-6b）、c）所示。

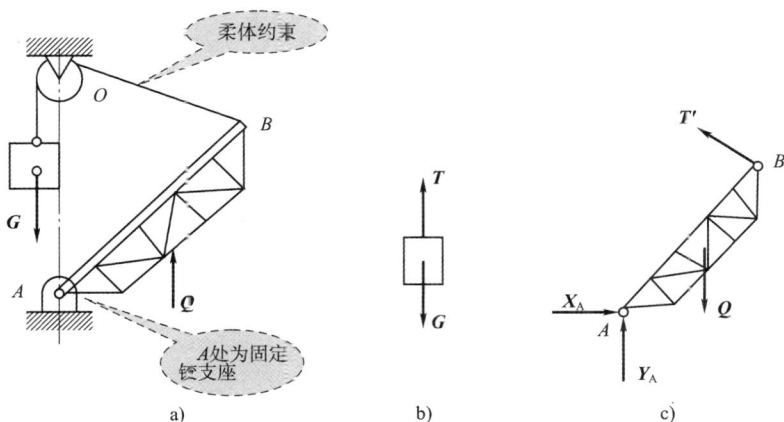

图　1-6

2. 试作图 1-7 ~ 图 1-9 中各梁的受力图,梁的自重不计。(见主教材习题 1-2)

解:分析图 1-7a):简支梁 A 端为固定铰支座,支座反力不确定,用两个垂直分力表示,反力箭头指向假定,如图 1-7b)所示。B 端为链杆支座,反力作用线沿链杆指向不确定,假定向上,如图 1-7b)所示。

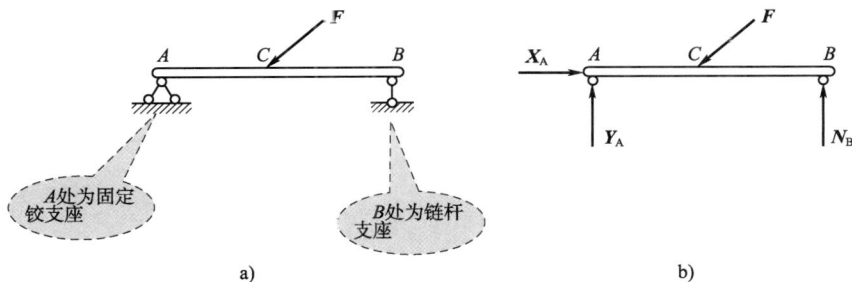

图　1-7

分析图 1-8a):外伸梁 A 端为链杆支座,反力作用线沿链杆指向不确定,假定向上,如图 1-8b)所示。B 端为固定铰支座,支座反力不确定,用两个垂直分力表示,反力方向假定如图 1-8b)所示。

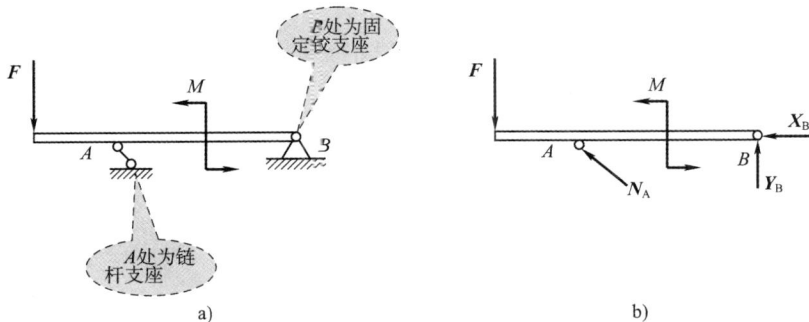

图　1-8

分析图 1-9a):简支梁 A 端为固定铰支座,支座反力不确定,用两个垂直分力表示,反力指向假定如图 1-9b)所示。B 端为活动铰支座,反力垂直于斜面,反力箭头指向杆件。

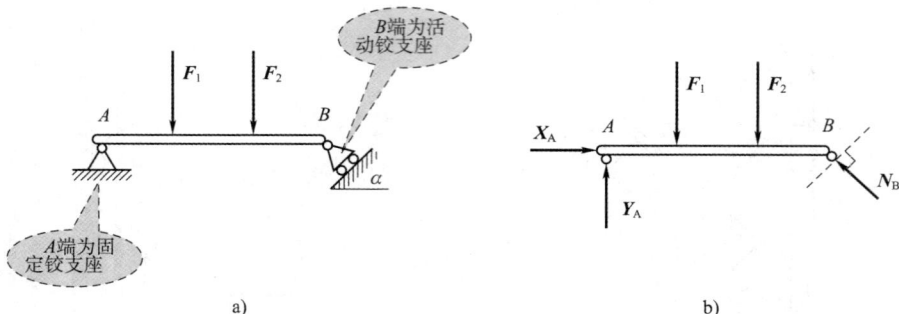

图 1-9

3. 试作图 1-10 所示刚架的受力图,结构自重不计。

解:此刚架的 B 端属于链杆支座,有一个沿链杆轴线的约束反力,力的箭头指向不定,假定向上,如图 1-10 所示。A 端是定向支座也称为滑动支座。该约束可以限制杆 A 端转动,因此有一个约束反力偶 M_A;与此同时,该约束还可以限制杆 A 端沿水平方向的移动,因此有一个水平反力 X_A。杆 A 端竖直方向可以产生微小的位移,因此,在竖直方向没有约束反力。

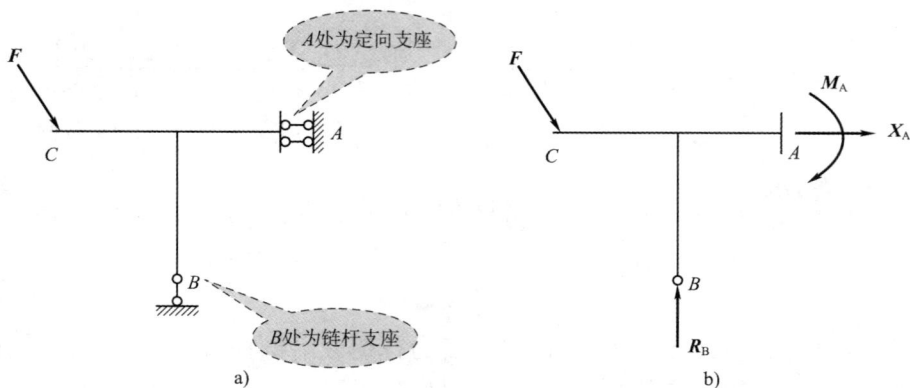

图 1-10

4. 试作图 1-11 所示刚架的受力图,结构自重不计。（见主教材习题 1-3）

解:受力分析如图 1-11 所示,按照约束类型确定支座处的约束反力,并完成受力图。

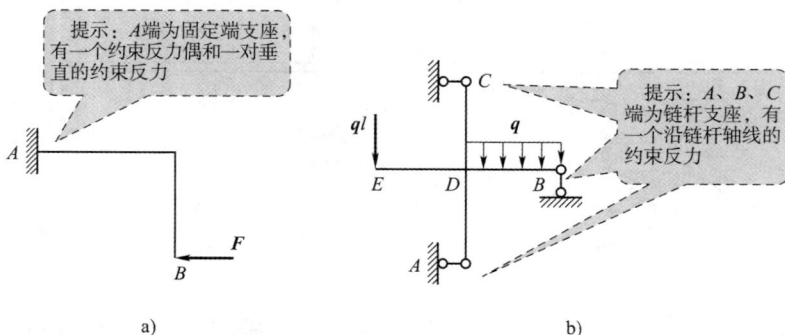

图 1-11

5. 如图 1-12 所示结构，自重不计，作曲杆 *AB* 和 *BC* 的受力图。（见主教材习题 1-4）

解：受力分析提示如图 1-12 所示。

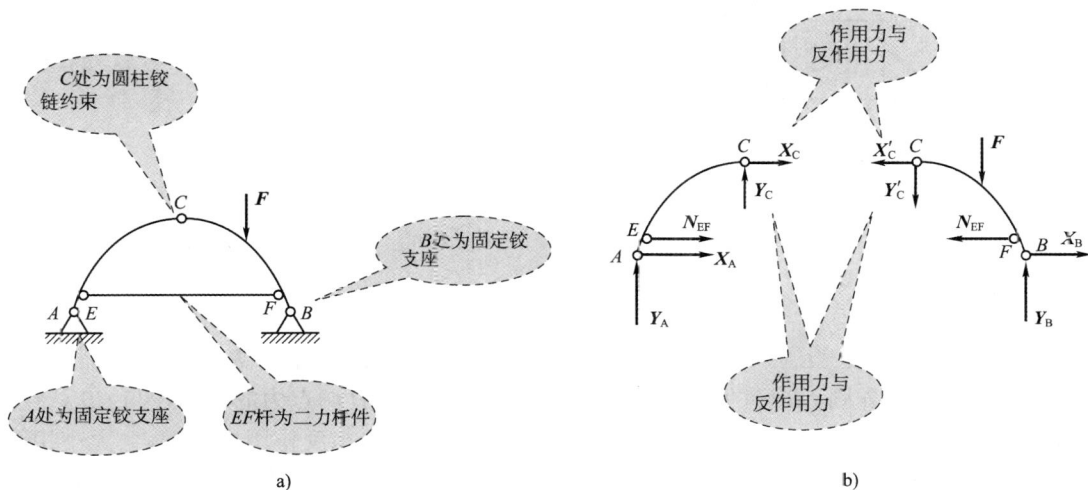

图 1-12

6. 作图 1-13 ~ 图 1-16 所示结构指定部分的受力图，自重不计。（见主教材习题 1-5）

解：分析图 1-13a)：*ABC* 杆、*CDE* 杆为单个物体的受力图，注意 *C* 铰处的作用力和反作用力应该大小相等、方向相反，分别作用在两个物体上［图 1-13b)、c)］。在整体 *ACDE* 杆的受力图中，*C* 处为圆柱铰链约束，此时左边 *ABC* 部分与右边 *CDE* 部分通过铰 *C* 相连，*C* 铰的作用力和反作用力是物体系统内部的相互作用力，无须画出，实际上是因为作用力与反作用力的作用效果互相抵消了。只需画出整体所受到的外力，如图 1-13d) 所示。

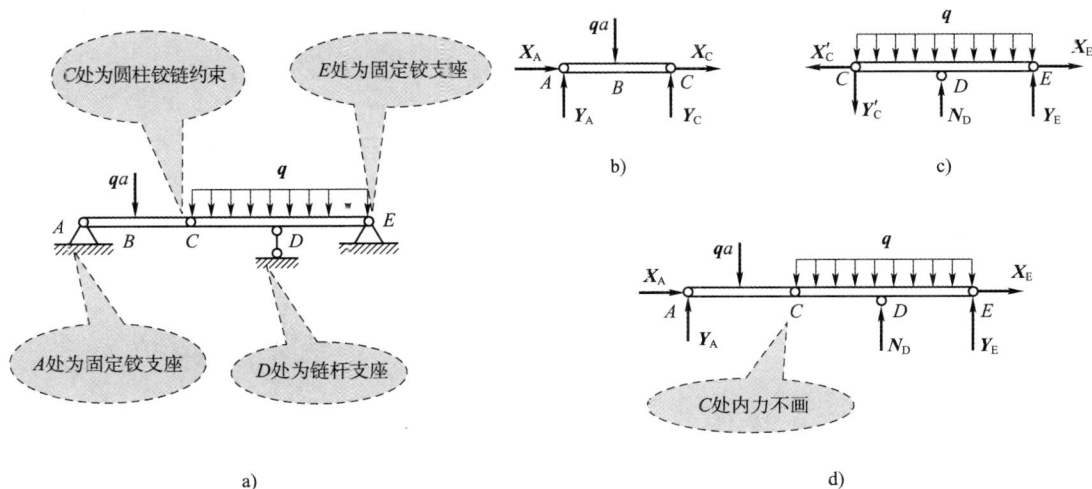

图 1-13

分析图 1-14a)：*AB* 杆为一根直角折杆，*DC* 杆为直杆，视主动力 *F* 直接作用在 *DC* 杆的 *B* 处。画受力图时应先画有主动力作用的物体。

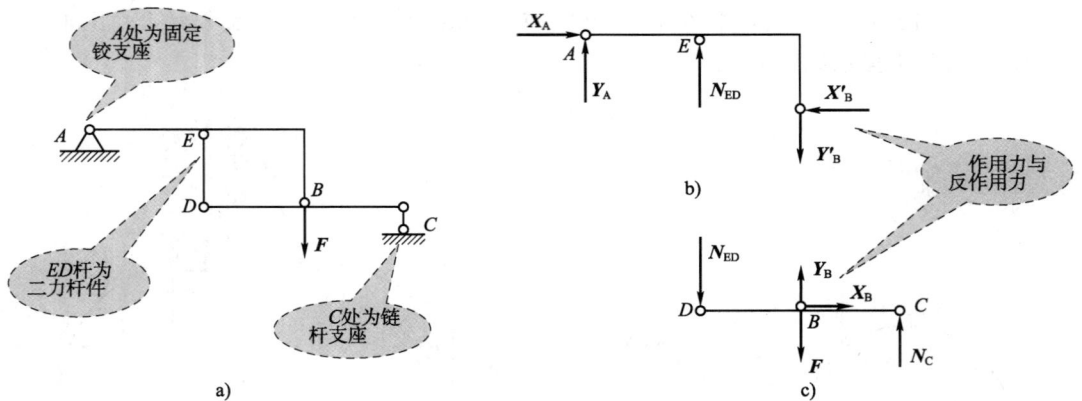

图 1-14

分析图 1-15a)：三铰刚架右部 *CB* 杆上没有外力作用，因此只在 *C*、*B* 两处受力而处于平衡，属于二力构件，先画 *CB* 杆的受力图[图 1-15c)]。注意 *C*、*B* 两点力的作用线与 *CB* 两点的连线重合。再画左部 *AC* 杆[图 1-15b)]，注意铰 *C* 处的作用力与反作用力，应符合大小相等、方向相反，分别作用在两个物体上。画三铰刚架 *ACB* 整体的受力图时，注意铰 *C* 处的内力不画，如图 1-15d)所示。

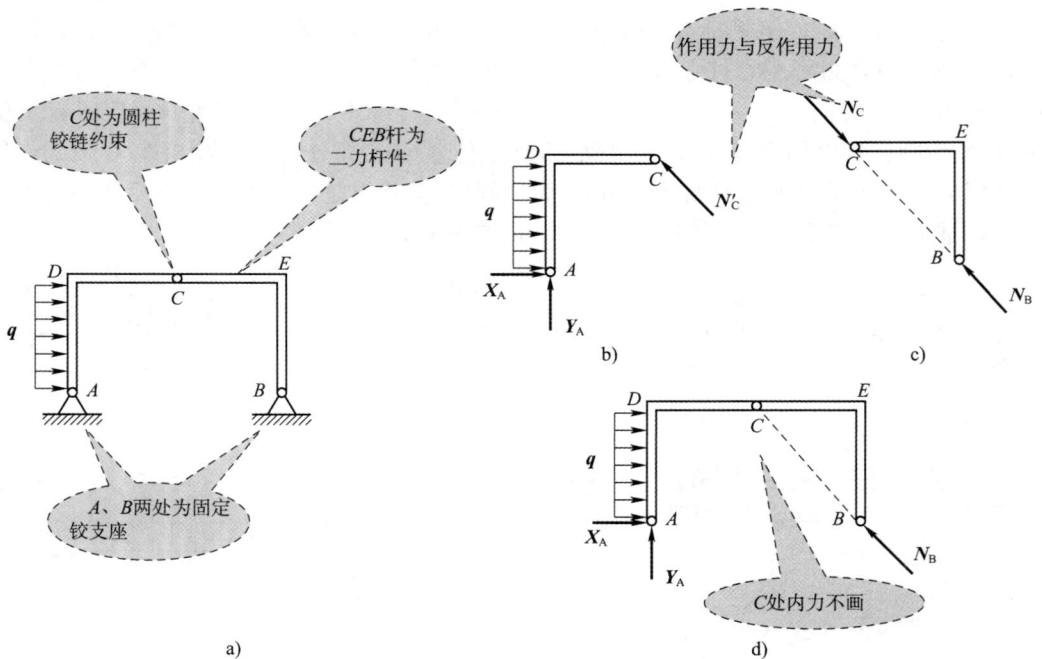

图 1-15

分析图 1-16a)：要画出图中 *BD* 杆和 *DC* 杆的受力图，首先判断该杆件体系中有无二力构件，由图可以看出 *AB*、*BE* 两杆件为二力构件。对于 *BD* 杆而言，N_{AB} 作用线沿 *AB* 两点的连线，箭头指向假定。N_{BE} 作用线沿 *BE* 两点的连线，箭头指向假定。*D* 铰处用垂直分力表示，箭头指向假定，如图 1-16b)所示。相对于 *DC* 杆而言，注意 *D* 铰是作用力与反作用力关系。*C* 铰处按固定铰支座反力画出，如图 1-16c)所示。

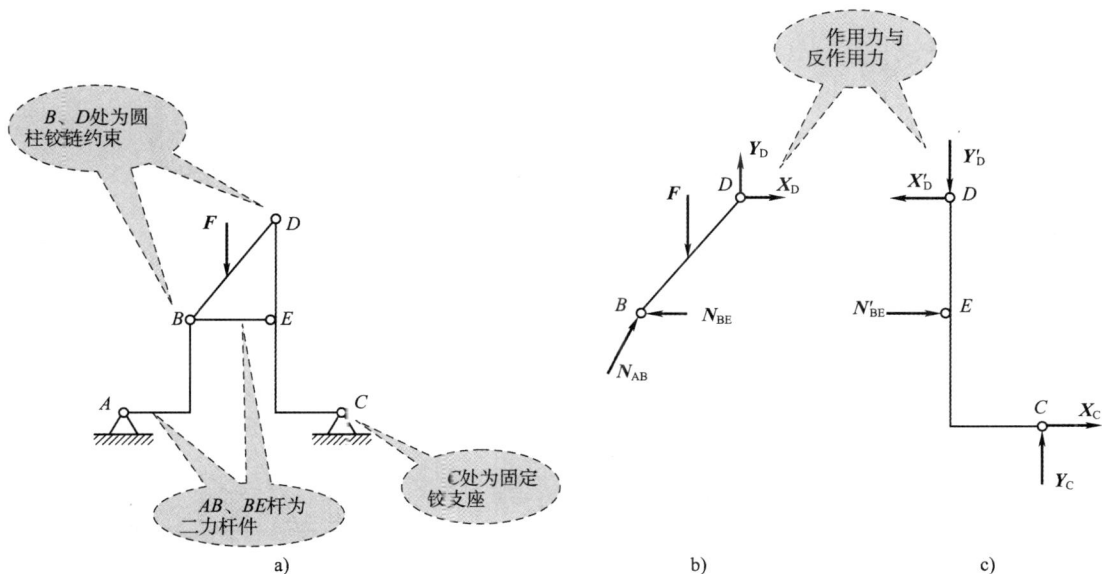

图 1-16

四、自测题及答案

1 填空题

(1)力对物体的作用效果取决于力的_____、_____和_____三个因素。

(2)荷载按作用的范围大小分为_____和_____。

(3)在两个力作用下处于平衡的构件称为_____,此两力的作用线必过这两力作用点的_____。

(4)工程中常见的约束有柔体约束、_____约束、圆柱铰链约束、_____约束、固定铰约束、_____约束和_____约束。

(5)画受力图的一般步骤是,先确定_____,然后画主动力和约束反力。

2.选择题

(1)以下几种构件的受力情况中,属于分布力作用的是( )。

    A. 自行车轮胎对地面的压力   B. 楼板对屋梁的作用力

    C. 车削工件时,车刀对工件的作用力   D. 桥墩对主梁的支承力

(2)"二力平衡公理"和"力的可传性原理"适用于( )。

    A. 任何物体   B. 固体   C. 弹性体   D. 刚体

(3)光滑面对物体的约束反力,作用在接触点处,其方向沿接触面的公法线( )。

    A. 指向受力物体,为压力   B. 指向受力物体,为拉力

    C. 背离受力物体,为拉力   D. 背离受力物体,为压力

3.分析题

试指出图 1-17 中各结构中的二力构件。

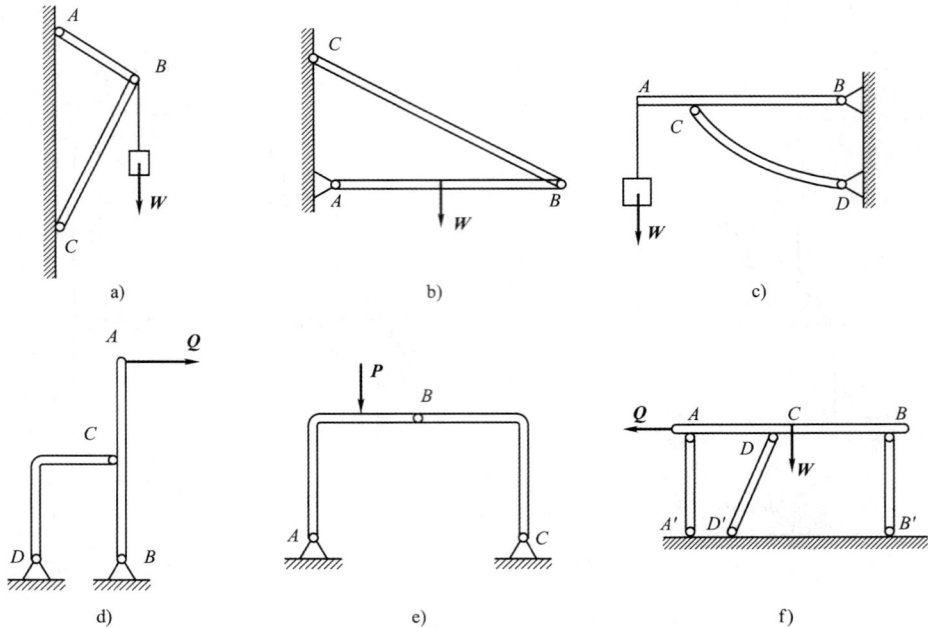

图 1-17

参考答案：

1. 填空题

(1) 大小；方向；作用点

(2) 集中力；分布力

(3) 二力构件；连线

(4) 光滑面；固定端；活动铰；链杆

(5) 研究对象

2. 选择题

(1) B；　(2) D；　(3) A

3. 分析题

a) AB 杆、BC 杆；　b) BC 杆；　c) CD 杆；　d) CD 杆；　e) BC 杆；　f) AA' 杆、DD' 杆、BB' 杆

五、阅读材料

桥梁的组成与桥梁支座

1. 桥梁的组成

桥梁就是供车辆（汽车、列车）和行人等跨越障碍（河流、山谷、海湾或其他线路等）的工程建筑物。简而言之，桥梁就是跨越障碍的通道。"跨越"一词，突出了桥梁不同于其他土木建筑的结构特征。从线路（公路或铁路）的角度讲，桥梁就是线路在跨越上述障碍时的延伸部分

或连接部分。

桥梁组成部分的划分与桥梁结构体系有关。以常见的简支梁桥(图1-18)为例,桥梁通常由以下几部分组成。

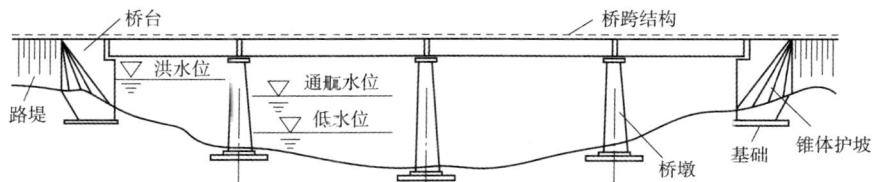

图 1-18

(1)上部结构

上部结构指桥梁位于支座以上的部分。它包括桥跨结构和桥面构造两部分。前者指桥梁中直接承受桥上交通荷载的、架空的主体结构部分;后者则指为保证桥跨结构能正常使用而需要建造的桥上各种附属结构或构造。

桥跨结构的形式多样。对梁桥而言,其主体结构是梁;对拱桥而言,其主体结构是拱;对悬索桥而言,其主体结构是缆。附属结构或构造是指公路桥的行车道铺装,铁路桥的道砟、枕木、钢轨,伸缩装置,排水防水系统,人行道,安全带(护栏),路缘石,栏杆,照明设施等。

(2)下部结构

下部结构指桥梁位于支座以下的部分,也叫支承结构。它包括桥墩、桥台以及墩台的基础,是支撑上部结构、向下传递荷载的结构物。

桥梁墩台的布置是与桥跨结构相对应的。桥台设在桥跨结构的两端,桥墩则分设在两桥台之间。

桥台除起到支承和传力作用外,还起到与路堤衔接、防止路堤滑塌的作用。为此,通常需在桥台周围设置锥体护坡。

墩台基础是承受由上至下的全部荷载(包括结构重力和交通荷载等)并将其传递给地基的结构物。它通常埋入土层之中或建筑在基岩之上,时常需要在水中施工。

(3)支座

在桥跨结构与墩台之间,还需要设置支座,以连接桥跨结构与桥梁墩台,提供荷载传递途径。除此之外,根据具体情况,与桥梁配套建造的附属结构物可能有挡土墙、护坡、导流堤、检查设备、台阶扶梯、导航装置等。

2.桥梁支座

桥梁支座(图1-19)是连接桥梁上部结构和下部结构的重要结构部件。

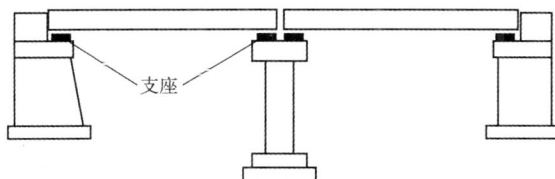

图 1-19

(1)支座的位置、作用和选用要求

支座的位置:设置在桥梁的上部结构与墩台之间(图1-19)。

支座的作用：把上部结构的各种荷载传递到墩台上，并能够适应活载、温度变化、混凝土收缩与徐变等因素所产生的变位（位移和转角），使上下部结构的实际受力情况符合设计的计算图式。

对于支座形式和规格的选用：要考虑的因素包括桥梁跨径、支点反力、对建筑高度的要求、适应单向和多向位移及其位移量的需要，以及防震、减震的要求。

（2）支座的布置

桥梁支座的布置方式主要根据桥梁的结构形式及桥梁的宽度确定。

简支梁桥一端设固定支座，另一端设活动支座。如图1-20所示，铁路简支梁桥由于桥宽较小，支座横向变位很小，一般只需设置单向（纵向）活动支座；公路简支梁桥由于桥面较宽，需考虑支座横桥向移动的可能性。

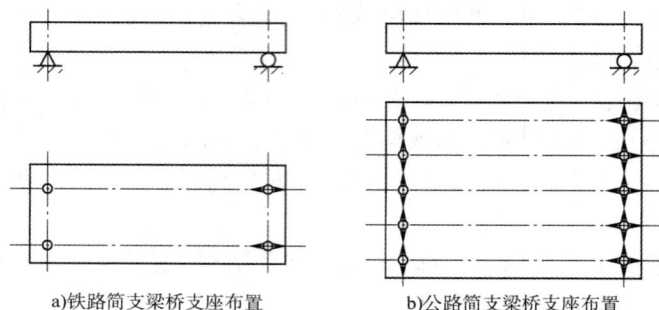

a)铁路简支梁桥支座布置　　　　b)公路简支梁桥支座布置

图　1-20

连续梁桥每联（由两伸缩缝之间的若干跨组成）只设一个固定支座。为避免梁的活动端伸缩量过大，固定支座宜布置在每联长度的靠中间支点处。但若该处墩身较高，则应考虑避开，或采取特殊措施，以避免该墩顶承受过大的水平力，如图1-21所示。

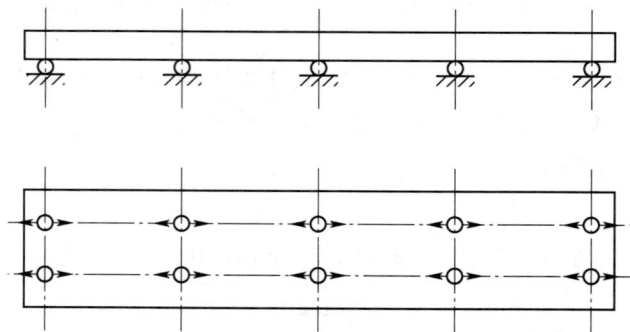

图　1-21

曲线连续梁桥的支座布置会直接影响梁的内力分布，同时，支座的布置应使其能充分适应曲梁的纵、横向自由转动和移动的可能性。

曲线箱梁中间常设单支点支座，仅在一联范围内的梁的端部（或桥台上）设置双支座，以承受扭矩。有意将曲梁支点向曲线外侧偏离，可调整曲梁的扭矩分布（图1-22）。

当桥梁位于坡道上时,固定支座应设在较低一端,以使梁体在竖向荷载沿坡道方向分力的作用下受压,以便能抵消一部分竖向荷载产生的梁下缘拉力;当桥梁位于平坡上时,固定支座宜设在主要行车方向的前端。

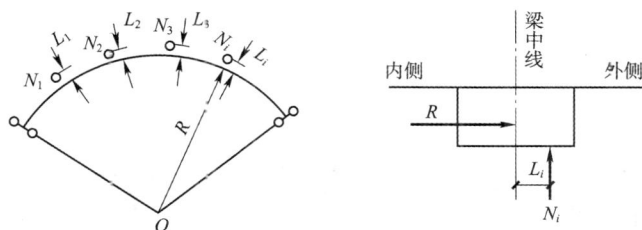

图 1-22

桥梁的使用效果与支座能否准确地发挥其功能有着密切的关系,因此在安放支座时,应使成桥后的上部结构的支点位置与下部结构的支座中线对齐。如果考虑到工后徐变,可能需要设置预偏量。

(3)支座的类型

支座按照不同分类方法有不同的类型。

按制作材料分类:分为钣支座、聚四氟乙烯支座、橡胶支座(板式橡胶支座、盆式橡胶支座)、混凝土支座、铅支座。

按是否容许变形分类:分为固定支座、单向活动支座、多向活动支座。

按能否承受压力分类:分为只受压支座、拉压支座。

课题二
SUBJECT TWO
静定结构的支座反力计算

一、学习目标

(1)能解释力对点之矩、力偶、力偶矩的概念和力的平移定理。

(2)会计算力矩和力偶矩。

(3)会应用解析法计算力在直角坐标轴上的投影。

(4)能够应用平面任意力系的平衡条件对工程结构件进行受力计算。

(5)能够熟练地计算单跨梁的支座反力。

(6)会判断静定与超静定问题。

二、重难点与学习建议

1. 重难点

1) 理解力的投影

自力矢量的始端和末端分别向某一确定轴上作垂线,得到两个交点(垂足)。两垂足之间的距离称为力在该轴上的投影。力的投影是代数量。

合力投影定理:平面力系中各力在某一坐标轴上投影的代数和,等于力系的合力在该坐标轴上的投影。

2) 会计算力矩

力对点之矩是度量力使物体绕该点转动效应的物理量。

力矩为零的两种情形如下:

(1)力等于零。

(2)力的作用线通过矩心。

一般同一个力对不同点之矩是不同的,因此,不指明矩心来计算力矩是没有意义的。因此,在计算力矩时一定要明确是对哪一点之矩。

合力矩定理:合力矩等于各分力对同一点之矩的代数和。

3) 力偶的性质

力偶:由大小相等、方向相反、作用线平行但不重合的两个力组成的力系称为力偶。力偶是一种特殊力系。

力偶矩：是一个代数量，其绝对值等于力的大小与力偶臂的乘积，正负号表示力偶的转向。通常规定，力偶逆时针旋转时，力偶矩为正；反之，力偶矩为负。

力偶系：由一对大小相等、方向相反、作用线互相平行的力组成的特殊力系。

力偶的三要素：力偶矩的大小，力偶的转向，力偶的作用面。

4）平面任意力系的平衡条件

平面任意力系平衡的必要和充分条件是：力系的主矢和主矩都为零。即：力系中所有各力在两个坐标轴上投影的代数和分别等于零，这些力对力系所在平面内任一点力矩的代数和也等于零。

平面任意力系有三个独立的平衡方程，可用于求解三个未知量。

平面任意力系的平衡方程可以写成一矩式、二矩式、三矩式三种形式，后两种形式的平衡方程是有附加条件的。一般应在掌握好一矩式平衡方程的基础上，掌握二矩式、三矩式平衡方程。

5）求解平面力系平衡问题的计算步骤

（1）选取研究对象。根据已知量和待求量，选择适当的研究对象。

（2）画研究对象的受力图。将作用于研究对象上的所有的力画出来。

（3）列平衡方程。注意选择适当的投影轴和矩心列平衡方程。

（4）解方程，求解未知力。

在列平衡方程时，为使计算简单，选取坐标系时应尽可能使力系中多数未知力的作用线平行或垂直投影轴，矩心选在两个（或两个以上）未知力的交点上；尽可能先列力矩方程，并使一个方程中只包含一个未知数。注意：对于同一个平面力系来说，最多只能列出三个平衡方程，求解三个未知量。

6）物体系统的平衡问题

物体系统的平衡问题是一个难点。不同的问题解法不一样，解题时的分析思路是：要能正确分析整体和各局部的受力情况，也就是能正确绘制整体受力图和局部受力图。在此基础上，根据问题的条件和要求，恰当地选取分离体，建立平衡方程，选择投影轴和矩心，形成最优的解题思路。

2. 学习建议

通过完成挡土墙、三角支架、梁和刚架等研究对象平衡计算的学习任务，逐步理解平衡方程的实质含义，并抓住平衡计算关键——力矩方程。

三、习题解析

1. 起吊时构件在图 2-1a）中的位置平衡，构件自重 $G = 30$kN。求钢索 AB、AC 的拉力。（见主教材习题 2-7）

解：解法一：运用汇交力系的平衡条件列平衡方程求解。

第 1 步：确定研究对象为钢绳结点 A。

第 2 步：画 A 点受力图［图 2-1b）］。钢绳为柔体约束，N_{AB} 和 N_{AC} 都是拉力。

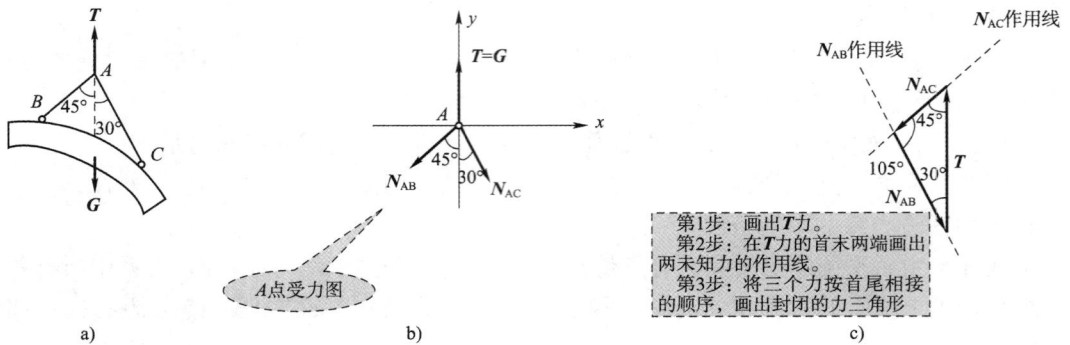

图 2-1

第 3 步:选好坐标系,标出角度以便投影计算。

第 4 步:列平衡方程求解。

$$\sum X = 0, \quad -N_{AB}\sin45° + N_{AC}\sin30° = 0$$
$$\sum Y = 0, \quad T - N_{AB}\cos45° - N_{AC}\cos30° = 0$$

第 5 步:作答。

答:钢索 AB 和 AC 受拉力,分别为 $N_{AB} = 15.54\text{kN}(拉力)$;$N_{AC} = 21.96\text{kN}(拉力)$。

解法二:利用正弦定理求解。

根据平面汇交力系平衡的几何条件可知:三个汇交力平衡所组成的力三角形自行封闭。

第 1 步:先画出已知力,为竖直向上的 T。

第 2 步:过 T 力的两端点画出两个未知力的作用线[如图 2-1c)中虚线所示]。

第 3 步:按照力三角形自行封闭的原则,则三个力的箭头首尾相连,标出三个力的箭头指向。

第 4 步:根据正弦定理计算。力三角形的三个角度分别为 30°、45°、105°。

$$\frac{T}{\sin105°} = \frac{N_{AB}}{\sin45°} = \frac{N_{AC}}{\sin30°}$$

解得:$N_{AB} = 15.54\text{kN}(拉力)$;$N_{AC} = 21.96\text{kN}(拉力)$。

2.悬臂刚架的结构尺寸及受力情况如图 2-2a)所示。已知 $q = 4\text{kN/m}$,$m = 10\text{kN} \cdot \text{m}$,试求固定端支座 A 的反力。(见主教材习题 2-11)

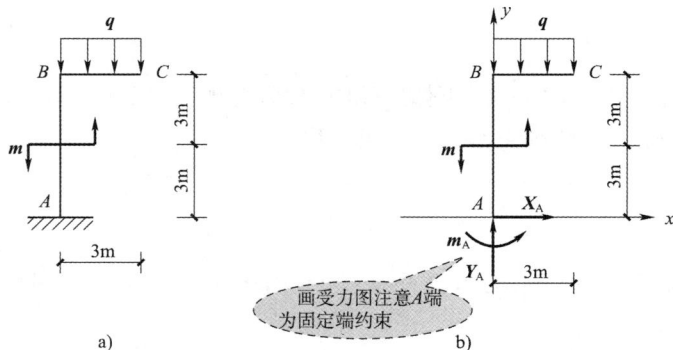

图 2-2

解:根据平面一般力系的平衡条件,列平衡方程求解。

第 1 步:画出悬臂刚架的受力图[图 2-2b)]。注意 A 端是固定端约束,有两个约束反力 X_A、Y_A,一个约束反力偶 m_A。

第 2 步:选直角坐标系,矩心为 A。

第 3 步:根据平面一般力系的平衡条件,列平衡方程。

$$\sum X = 0, \quad X_A = 0$$

$$\sum Y = 0, \quad -3q + Y_A = 0$$

$$Y_A = 3q = 3 \times 4 = 12(\text{kN})(\uparrow)$$

$$\sum m_A = 0, \quad -3q \times \frac{3}{2} + m_A + m = 0$$

$$m_A = -m + \frac{9}{2}q = -10 + 4.5 \times 4 = 8(\text{kN} \cdot \text{m})(\text{逆时针转向})$$

第 4 步:作答。注意结果的正负号。如果计算结果为负,则力的实际方向与受力图中该力箭头的指向相反。必须加以说明或者注明。

3.如图 2-3 所示,求图示各梁的支座反力。[见主教材习题 2-12 图 a)]

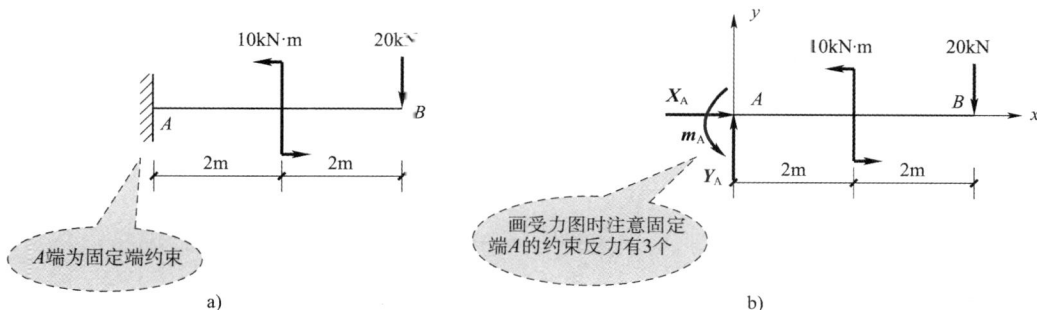

图 2-3

解:根据平面一般力系的平衡条件,列平衡方程求解。

$$X_A = 0, \quad Y_A = 20\text{kN}(\uparrow), \quad m_A = 70\text{kN} \cdot \text{m}(\text{逆时针转向})$$

4.如图 2-4 所示,根据平面一般力系的平衡条件,列平衡方程求解。[见主教材习题 2-12 图 c)]

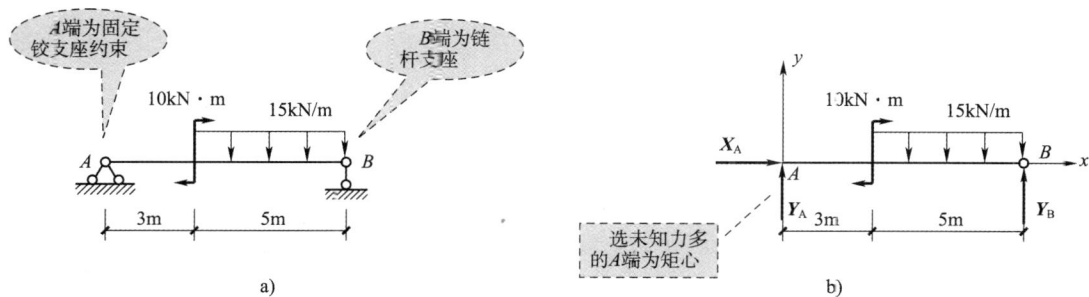

图 2-4

解:第1步:画简支梁的受力图。A 端为固定铰支座,约束反力用一对垂直分力表示;B 端为链杆支座,约束反力沿链杆轴线方向。3 个约束反力指向不确定,均假设如图 2-4 所示方向。

第2步:选直角坐标系和矩心 A。为简化计算,矩心应选在未知力多的点上。

第3步:根据平面一般力系的平衡条件,列平衡方程。

$$\sum X = 0, \quad X_A = 0$$
$$\sum Y = 0, \quad -15 \times 5 + Y_A + Y_B = 0$$
$$\sum m_A = 0, \quad -10 - 15 \times 5 \left(3 + \frac{5}{2}\right) + Y_B \times 8 = 0$$

解得:

$$Y_B = (10 + 15 \times 5 \times 5.5)/8 = 52.8125(kN)(\uparrow)$$
$$Y_A = 15 \times 5 - Y_B = 75 - 52.8125 = 22.1875(kN)(\uparrow)$$

5. 求图 2-5 所示梁的支座反力。[见主教材习题 2-12 图 d)]

解:根据平面一般力系的平衡条件,列平衡方程求解或利用叠加法求解。

$$Y_A = 36.67kN(\uparrow), \quad Y_B = 13.63kN(\uparrow)$$

6. 求图 2-6 所示梁的支座反力。[见主教材习题 2-12 图 e)]

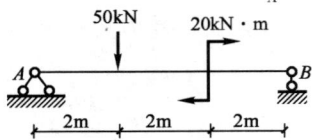

图 2-5

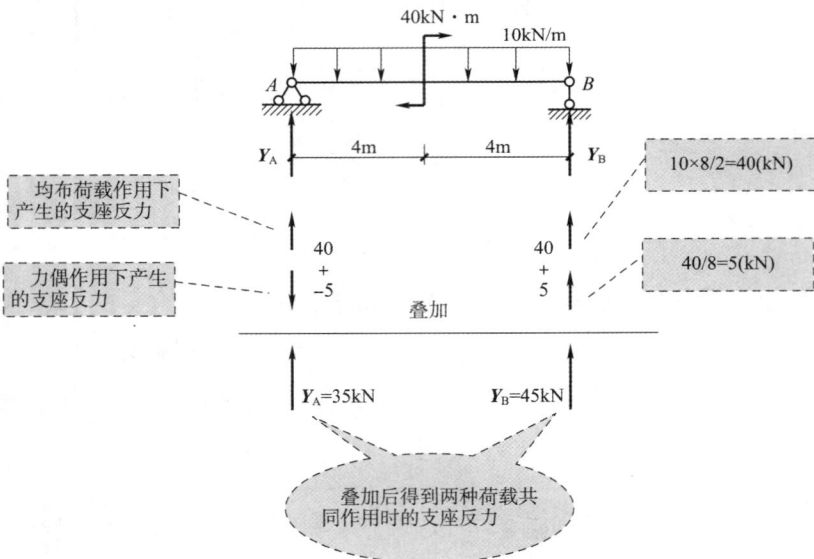

图 2-6

解:可以利用叠加法求解。

$$Y_A = 35kN(\uparrow), \quad Y_B = 45kN(\uparrow)$$

7. 求图 2-7 所示梁的支座反力。[见主教材习题 2-12 图 f)]

解:根据平面一般力系的平衡条件,列平衡方程求解。

$$Y_A = 19.375kN(\uparrow), \quad Y_B = 80.625kN(\uparrow)$$

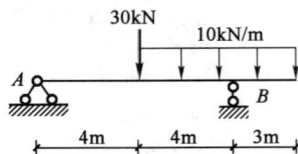

图 2-7

8. 求图 2-8 所示组合梁的支座反力。[见主教材习题 2-13 图 a)]

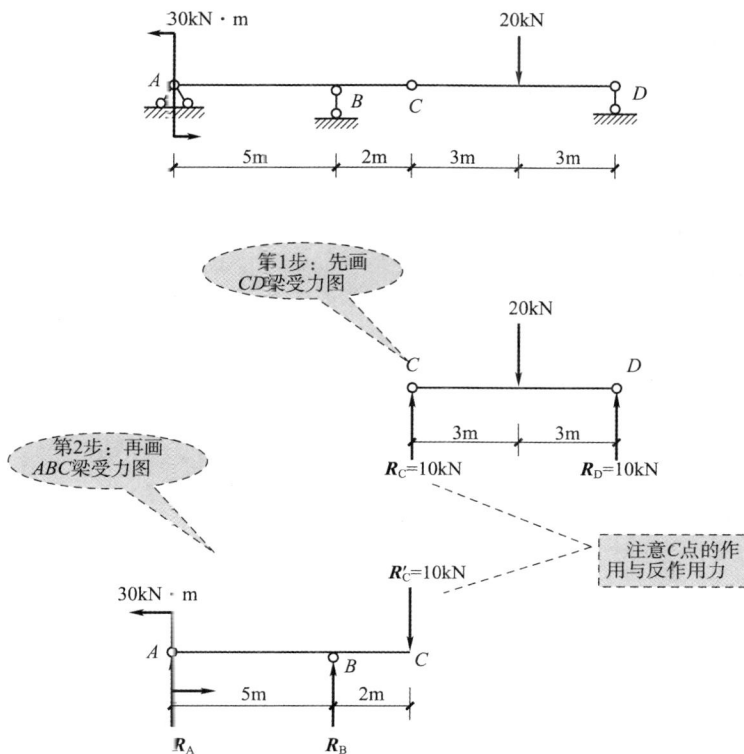

图 2-8

解:对于组合结构,一般要将结构拆解开来分析。本题可以先取 CD 梁分析,再取 ABC 梁分析,如图 2-8 所示。要注意拆解成两部分后,C 铰的作用力与反作用力关系必须正确。

第 1 步:取 CD 梁为研究对象,画出简支梁 CD 的受力图。因梁的中点作用有集中力 20kN,可得 C、D 两处的约束反力 $R_C = R_D = 10$kN($\uparrow$)。

第 2 步:取外伸梁 ABC 为研究对象,画出 ABC 梁的受力图,注意 C 铰处作用有 CD 梁传下来的力,该力要满足作用力与反作用力大小相等、方向相反、作用在一条直线上且分别作用在两个物体上的关系。

列平衡方程求解:

$$\sum m_A = 0, \quad 5R_B + 30 - 10 \times 7 = 0$$
$$\sum Y = 0, \quad R_B + R_A - 10 = 0$$

解得:$R_A = 2$kN($\uparrow$),$R_B = 8$kN($\uparrow$),$R_D = 10$kN($\uparrow$)。

9. 求图 2-9 各组合梁的支座反力。[见主教材习题 2-13 图 b)、c)]

解:图 2-9a)解题思路:将组合梁拆分为外伸梁 ABC 和简支梁 CD,先算 CD 梁求得力 $R_C = R_D = 25$kN($\uparrow$),再列平衡方程求得:$R_A = 20$kN($\downarrow$),$R_B = 25$kN($\uparrow$)。

图 2-9b)解题思路:可先取 BC 梁为研究对象,列力偶平衡方程求得 $R_B = 5$kN($\downarrow$),$R_C = 5$kN($\uparrow$)。再取悬臂梁 AB 为研究对象,求得:$R_A = 15$kN($\uparrow$),$m_A = 75$kN·m(逆时针转向)。

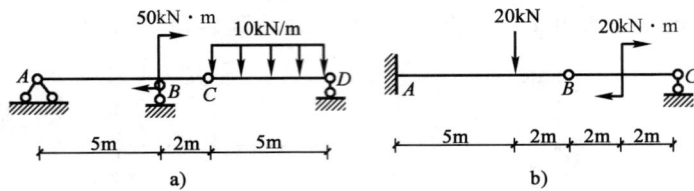

图 2-9

10. 图 2-10 为三铰拱式组合屋架，试求拉杆 AB 及中间铰 C 所受的力（屋架的自重不计）。（见主教材习题 2-15）

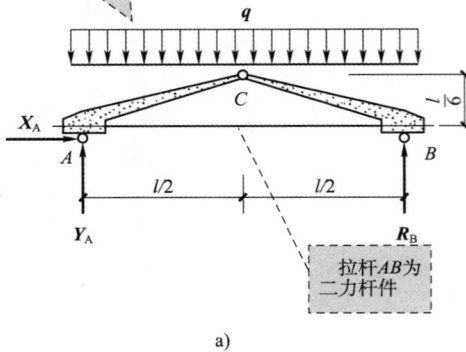
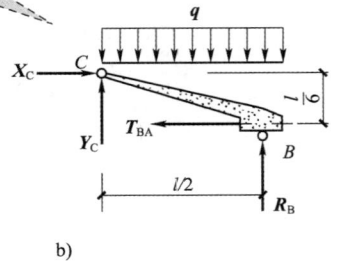

图 2-10

解：受力图如图 2-10 所示。

（1）取整体为研究对象，列平衡方程：

$$\sum M_A = 0, \quad -ql \cdot \frac{1}{2} + l \cdot R_B = 0$$

$$\sum Y = 0, \quad Y_A + R_B = ql$$

解得：

$$R_B = \frac{ql}{2}, \quad Y_A = \frac{ql}{2}$$

（2）取 BC 杆为研究对象，列平衡方程：

$$\sum M_C = 0, \quad -\frac{ql}{2} \cdot \frac{l}{4} + \frac{ql}{2} \cdot \frac{l}{2} - T_{BA} \cdot \frac{1}{6} = 0$$

$$\sum X = 0, \quad X_C - T_{BA} = 0$$

$$\sum Y = 0, \quad Y_C + \frac{ql}{2} - \frac{ql}{2} = 0$$

解得：

$$T_{BA} = \frac{2}{3}ql, \quad X_C = \frac{2}{3}ql, \quad Y_C = 0$$

所以，拉杆 AB 所受的力：

$$T_{BA} = \frac{2}{3}ql$$

中间铰 C 所受的力：

$$X_C = \frac{2}{3}ql, \quad Y_C = 0$$

11. 已知三铰拱受力如图 2-11 所示，试求 A、B、C 三处的约束反力。（见主教材习题2-17）

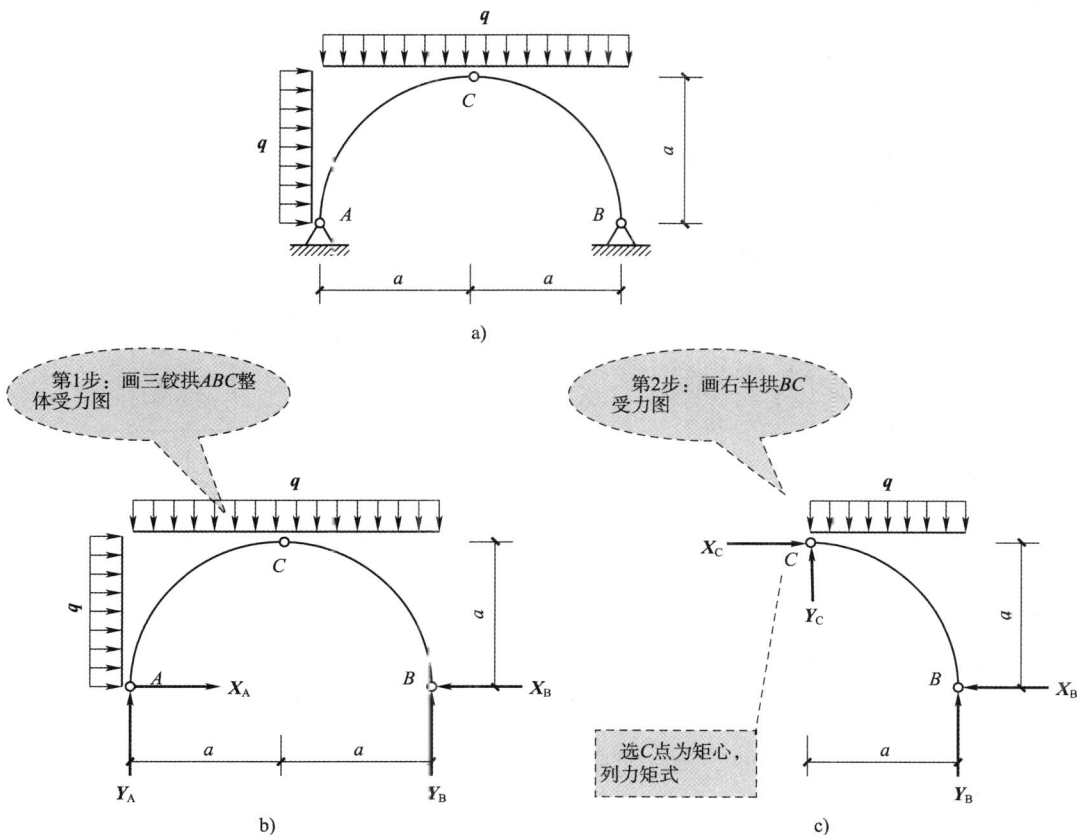

a)

第1步：画三铰拱ABC整体受力图

第2步：画右半拱BC受力图

选C点为矩心，列力矩式

b)   c)

图 2-11

解: 受力图如图 2-11 所示。

（1）取整体为研究对象，列平衡方程：

$$\sum M_A = 0, \quad -qa \cdot \frac{a}{2} - 2qa \cdot a + 2a \cdot Y_B = 0$$

$$\sum Y = 0, \quad Y_A + Y_B = 2qa$$

$$\sum X = 0, \quad X_A + qa - X_B = 0$$

解得：
$$Y_B = \frac{5}{4}qa, \quad Y_A = \frac{3}{4}qa, \quad X_A = X_B - qa$$

（2）取 BC 杆为研究对象，列平衡方程：

$$\sum M_C = 0, \quad -qa \cdot \frac{a}{2} + \frac{5}{4}qa \cdot a - X_B \cdot a = 0$$

$$\sum X = 0, \quad X_C - X_B = 0$$

$$\sum Y = 0, \quad Y_C + Y_B - qa = 0$$

解得：
$$X_B = \frac{3}{4}qa, \quad X_A = -\frac{1}{4}qa, \quad X_C = \frac{3}{4}qa, \quad Y_C = -\frac{1}{4}qa$$

所以,A 处约束反力:

$$X_A = -\frac{1}{4}qa, \quad Y_A = \frac{3}{4}qa$$

B 处约束反力:

$$X_B = \frac{3}{4}qa, \quad Y_B = \frac{5}{4}qa$$

C 处约束反力:

$$X_C = \frac{3}{4}qa, \quad Y_C = \frac{1}{4}qa$$

12. 求图 2-12 所示桁架指定杆件所受的力。（见主教材习题 2-18）

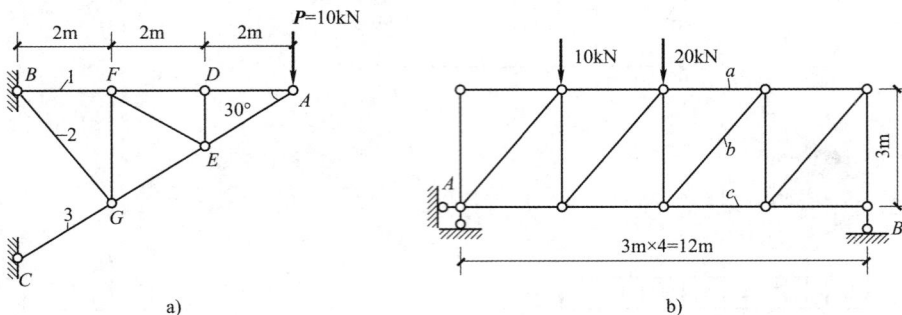

图　2-12

解：图 2-12a）:$N_1 = 10\sqrt{3}$kN（拉力）,$N_2 = 0$,$N_3 = 20$kN（压力）。

图 2-12b）:$N_a = 30.18$kN（压力）,$N_b = 17.68$kN（拉力）,$N_c = 12.5$kN（拉力）。

四、自测题及答案

1. 填空题

（1）力的作用线垂直于投影轴时,该力在轴上的投影值为_____。

（2）力对点之矩的正负号的一般规定为:力使物体绕矩心_____方向转动时,力矩取正号;反之,取负号。

（3）力的作用线通过_____时,力对点之矩为零。

（4）力偶对平面内任一点之矩恒等于_____,与矩心位置_____。

（5）建立平面一般力系的平衡方程时,为方便解题,通常把坐标轴选在与_____的方向上;把矩心选在_____的作用点上。

（6）平面汇交力系平衡的几何条件为:力系中各力组成的力多边形_____。

2. 判断题

（1）若两个力在同一轴上的投影相等,则这两个力的大小必定相等。　　　　（　　）

（2）只要两个力大小相等、方向相反,该两力就组成一力偶。　　　　（　　）

（3）力偶对一点的矩与矩心无关。　　　　（　　）

（4）力的作用线通过矩心时,力对点之矩为零。　　　　（　　）

（5）一个平面任意力系只能列出一组三个独立的平衡方程,解出三个未知数。　　　　（　　）

（6）若通过平衡方程解出的未知力为负值时：

①表示约束反力的指向画反了，应改正受力图。 （　　）

②表示该力箭头的实际指向与受力图中该力的指向相反。 （　　）

（7）列平衡方程时，要建立坐标系求各分力的投影。为运算方便，通常将坐标轴选在与未知力平行或垂直的方向上。 （　　）

3.选择题

（1）力偶对物体的作用效应，决定于（　　）。

　　A.力偶矩的大小

　　B.力偶的转向

　　C.力偶的作用平面

　　D.力偶矩的大小，力偶的转向和力偶的作用平面

（2）应用平面汇交力系的平衡条件，最多能求解（　　）未知量。

　　A.1个　　　　　　　B.2个　　　　　　　C.3个　　　　　　　D.4个

（3）图 2-13 中力 P 在 xy 轴上的投影分别为（　　）。

　　A.$-\dfrac{1}{2}P$，$-\dfrac{\sqrt{3}}{2}P$ 　　　　　　　　　B.$\dfrac{1}{2}P$，$\dfrac{\sqrt{3}}{2}P$

　　C.$-\dfrac{\sqrt{3}}{2}P$，$-\dfrac{1}{2}P$ 　　　　　　　　　D.$\dfrac{1}{2}P$，$-\dfrac{\sqrt{3}}{2}P$

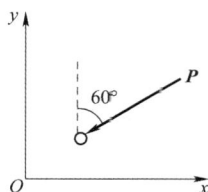

图　2-13

4.计算题

试求图 2-14 中各梁的支座反力。

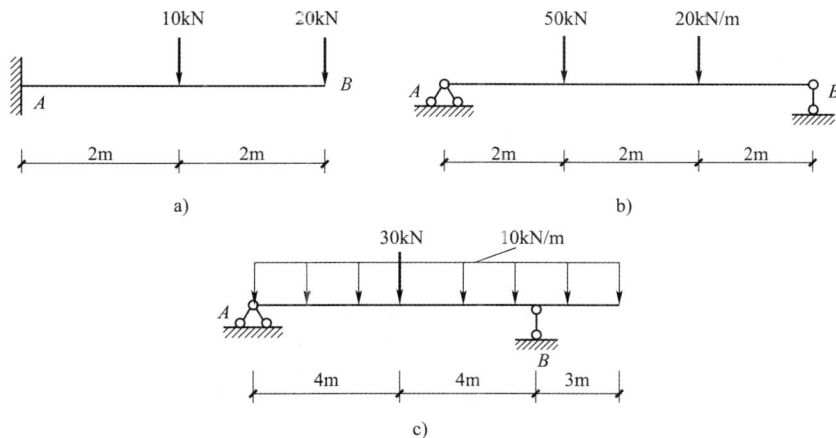

a)

b)

c)

图　2-14

参考答案：

1.填空题

（1）零

（2）逆时针

(3)矩心

(4)力偶矩;无关

(5)与未知力平行或垂直;未知力多

(6)自行封闭

2.判断题

(1)×; (2)×; (3)√; (4)√; (5)√; (6)①×、②√; (7)√

3.选择题

(1)D; (2)B; (3)A

4.计算题

图2-14a):$H_A=0$,$V_A=30$kN($\uparrow$),$m_A=100$kN·m(逆时针转向)。

图2-14b):$H_A=0$,$V_A=40$kN($\uparrow$),$V_B=30$kN($\uparrow$)。

图2-14c):$H_A=0$,$V_A=49.375$kN($\uparrow$),$V_B=90.625$kN($\uparrow$)。

五、阅读材料

汝郴高速公路赤石特大桥"10·29"施工火灾事故

2014年10月29日15时50分许,江苏××工程技术有限公司工人在中铁××股份有限公司承建的汝郴高速公路赤石特大桥19A标6号桥墩左幅塔顶上焊割作业时失火,导致大桥9根斜拉索断裂,断索侧桥面下沉,大桥受损,造成直接经济损失1058.57余万元。

1.基本情况

赤石特大桥是汝郴高速公路的关键控制性工程。桥梁全长2272.76m,主桥全长1470m,桥跨布置为165m+3×380m+165m,采用中塔塔梁固结,边塔支承结构受力体系,索塔独创性采用双面双曲线空心薄壁设计,为当时同类型桥梁中四塔混凝土斜拉桥世界之最,预算投资13.69亿元,工期56个月,计划2014年11月底合龙。大桥于2013年3月28日开工,至事故发生时,引桥已全部完成。大桥涂装设计方案已经报批。

6号墩索塔高度为274.13m,主梁0号块长26m,1～19号块每块长8m,21～23号块每块长6m,斜拉索23对,事故前已初步完成主梁悬浇施工和斜拉索安装。

2.事故发生经过

2014年10月29日13时30分左右,现场管理人员在对施工安全技术要求交底不到位的情况下,带领3名工人到6号墩进行涂装施工、吊篮吊臂焊装作业。14时30分左右,2名工人到达6号墩左幅塔顶,管理人员联系塔式起重机(简称塔吊)将电焊机等设备吊到6号墩塔顶,另一名工人协助吊设备。15时左右,第三名工人也到达6号墩塔顶,三人开始焊装吊篮吊臂工字钢;首先在南侧中间安装吊臂工字钢,由于塔顶水泥平台有竖直的预埋钢筋(ϕ40mm和ϕ16mm,高500mm左右),导致吊臂工字钢无法焊接就位,于是一名工人采取5号墩施工时的钢筋熔断作业方法,操作电焊将 3 根 $\phi16mm$ 的钢筋熔断,焊接了第一根吊臂工字钢($\phi160mm$、长 1600mm);接着,又在塔顶西南角操作电焊熔断 $\phi16mm$ 的钢筋,准备焊接第二根吊臂工字钢($\phi160mm$、长 2300mm);此时(16 时许),有名工人发现塔顶有烟冒出,两名工人往西边斜拉索方向察看,发现 22 号索靠塔外边部位有明火;两人随即用随身携带的饮用水倒下去灭火,但没有效果;三名工人在塔顶没找到灭火设施,马上用吊绳将一名工人下放到 22 号索边的位置,这名工人发现 21 号索也起火了,他当时想用手套去扑灭 22 号索上的火苗,由于钢绞线护套 HDPE 及套内的保护油脂燃烧,已成胶状,无法灭掉,工人返回到塔顶;此时,塔顶工人马上用对讲机请求下方救援并下到塔里面,看到 22 号、23 号索的钢锚梁和塔壁之间位置起火,附近没有找到灭火器,工人用衣服去灭火失败。由于电梯不能到达塔顶,下方救援人员就用塔吊运送灭火器;16 时 10 分左右,22 号索燃烧部位断裂,缆索坠落时打倒桥下方安全通道支架,压倒 6 号桥墩配电箱,配电箱损坏造成施工现场停电,致使送灭火器的塔吊吊篮停在半空,灭火器送不到位;16 时 40 分左右经抢修电力恢复,塔吊把 6 个灭火器送上塔顶,一名工人用灭火器在塔内灭火,火势没有得到控制;至 17 时 10 分左右,6 号桥墩左幅塔上共有 9 根斜拉索因火烧受损相继被拉断。约 17 时 30 分,抢险人员指挥塔吊将两桶水(300kg 左右)吊上塔顶,一人在塔壁外面用安全帽浇水灭火,一人在塔顶向塔内浇水灭火,火势难以控制,工人情急之下,将一桶水全部倒下,明火最终被扑灭。18 时左右,经消防队员确认火被全部扑灭。

事故共造成 6 号桥墩左幅塔 9 根斜拉索被拉断,断索侧桥面下沉约 2 192mm,未断索一侧桥面下沉约 916mm,部分桥面出现裂纹,事故中无人伤亡。

3.原因分析

根据建筑工程检测的试验分析:斜拉索每根钢索的燃烧时间不会超过 35min,火焰最高温度为 718℃,0 应力状态下钢绞线经受的最高温度为 672℃,斜拉索的过火温度范围为 360～550℃,钢丝拉断后的截面收缩率在 0 34～0.66 之间。

施工过程中,高温熔渣引燃外包裹的彩条布,继而引燃斜拉索钢绞线黑色 HDPE 护套,由于斜拉索钢丝存在初始应力,斜拉索初始应力拉断斜拉索外层 HDPE 护套和白色 HDPE 护筒燃烧,引起钢绞线升温,钢绞线内钢丝在高温作用下被逐根拉断,并引起应力重新分布,剩余钢绞线的应力水平不断提高,导致拉断临界温度不断降低,直到低于 400℃,产生斜切面脆性断口,最终导致斜拉索全部被拉断。

(1)直接原因

一是现场施工管理人员对安排三名工人进行吊臂焊装作业没有报备,后经查发现其中一名操作工人无金属焊接特种作业操作证书;二是违规进行电焊熔断作业。

(2)间接原因

安全生产主体责任不落实,违规组织施工。安全管理责任不落实。安全生产管理不到位。

经调查认证,这次事故的性质是一起较大生产安全责任事故。2 人被移送公安机关立案追究刑事责任;3 人被检察机关立案追究刑事责任;14 人被给予党纪政纪处分。

材料来源:节选自安全管理网
http://www.safehoo.com/

课题三
SUBJECT THREE
轴向拉压杆的强度计算

一、学习目标

（1）能列举一个工程实际中的轴向拉伸与压缩问题。

（2）能够运用截面法计算轴向拉（压）杆件横截面上的轴力和绘制轴力图。

（3）能应用正应力公式计算轴向拉（压）杆件横截面上的应力。

（4）会应用胡克定律计算轴向拉压杆的变形量。

（5）能够计算轴向拉（压）杆的强度问题。

（6）能识读应力应变图。

（7）会比较塑性材料和脆性材料的力学性能。

二、重难点与学习建议

1. 重难点

（1）轴向拉（压）杆件的受力特点是：外力（或外力的合力）作用线与杆件的轴线重合。变形特点是：杆件沿轴向伸长或缩短。

（2）轴向拉（压）杆的内力称为轴力。规定拉力为正，压力为负。轴力的作用线与杆轴线重合。值得注意的是：内力是外力作用下杆件各部分之间的相互作用力，它与杆件的变形同时发生。

（3）截面法：用来显示并计算内力的方法。任一截面上的内力等于截面一侧外力的代数和。用截面法求内力时应注意：若选取的分离体存在约束，在画受力图和列平衡方程时，不要漏掉约束反力。

用截面法求截面上内力的步骤。

①截开：在求内力的截面处用一个假想的平面将杆件截开。

②代替：任取其中一部分保留，将去掉部分对保留部分的作用用内力来代替（即暴露出内力），并将未知的内力画为正。保留哪一部分应以简便计算为准，一般保留外力较少的部分。

③平衡：考虑保留部分的平衡，由平衡方程确定内力值。

（4）应力是一点处内力的集度。应力是与"截面"和"点"这两个因素分不开的，同一截面上不同点的应力值一般是不同的;同一点位于不同截面上的应力值一般也是不同的。杆件在外力的作用下,其横截面上应力的分布规律需要通过观察与分析变形才能知道。轴向拉(压)杆的应力在截面上是均匀分布的正应力。规定拉应力为正,压应力为负。

正应力公式:

$$\sigma = \frac{N}{A}$$

式中:N——横截面上的轴力;

A——横截面面积。

(5)胡克定律。杆件在轴向受拉(压)时,会同时产生纵向和横向变形。轴向变形计算根据胡克定律进行。

胡克定律是变形体力学中的重要定律,其两种表达形式为:

$$\Delta l = \frac{Nl}{EA} \quad 或 \quad \sigma = E\varepsilon$$

胡克定律表明在弹性范围内,应力与应变成正比。

利用公式计算轴向变形时应注意:在杆长 l 范围内,N、EA 都必须是常量,否则需分段或通过积分来计算杆件的轴向变形。

(6)轴向拉(压)杆的强度条件及其应用。

强度条件:

$$\sigma_{max} = \frac{N_{max}}{A} \leqslant [\sigma]$$

强度计算是工程力学研究的主要问题。强度计算的一般步骤是:

①外力分析。分析杆件所受外力情况,根据受力特点,判断构件产生哪种基本变形并确定其大小(荷载与支座反力)。

②内力计算。截面法是计算内力的基本方法,应当熟练掌握。由截面法可归纳出求内力的结论(外力与轴力的关系),利用结论计算内力是非常简捷的。

③强度计算。利用强度条件可解决三类问题:进行强度校核、选择截面尺寸和确定许可荷载。

(7)金属材料的力学性能。

材料的力学性质是通过试验来测定的。根据其断裂时发生塑性变形的大小,工程材料分为塑性材料和脆性材料,两类材料的力学性质有明显的不同。

材料的力学性质主要通过应力-应变图来反映,其中低碳钢的应力-应变图具有典型性,即存在四个不同阶段和相应的各应力特征点(比例极限、弹性极限、屈服极限、强度极限)。其他材料的应力-应变图可以通过与低碳钢的对比,反映出其材料的特点。

低碳钢和铸铁分别为典型的塑性材料和脆性材料。低碳钢和铸铁拉伸压缩时的应力-应变图反映了两种材料的基本力学性质,必须熟记。

2.学习建议

利用橡皮筋等生活用品来探究轴向拉压变形的特点;通过练习,重点获取轴力、应力的概念、计算方法;通过试验了解在外力作用下,金属材料在变形和破坏方面所表现出的力学特性。

三、习题解析

1. 试用截面法求图 3-1 中各指定截面上的轴力并作轴力图。（见主教材习题 3-1）

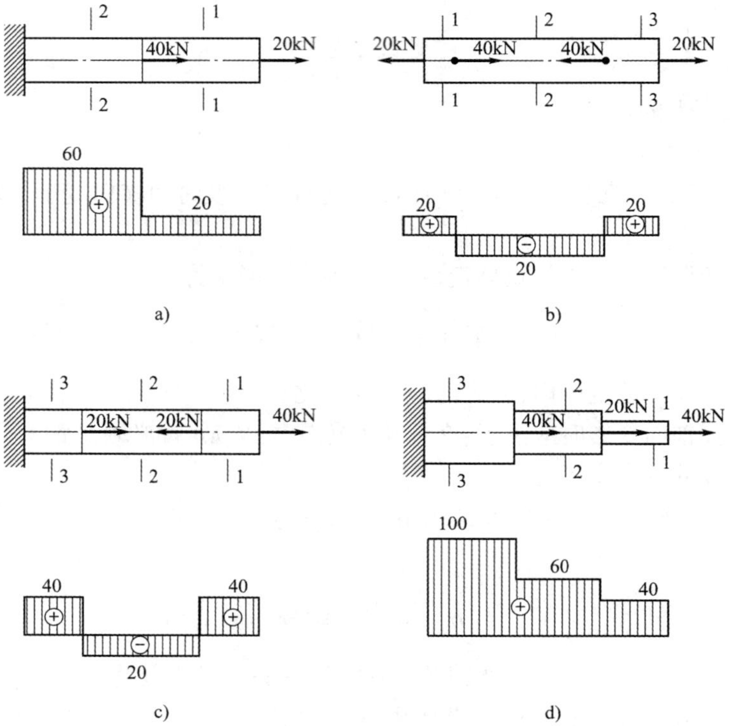

图　3-1

解：截面法计算过程略。轴力图如图 3-1 所示。

2. 圆截面杆上有槽如图 3-2 所示。杆的直径 $d = 20\text{mm}$，受拉力 $P = 15\text{kN}$ 的作用，试求 1-1 和 2-2 截面上的应力。（见主教材习题 3-2）

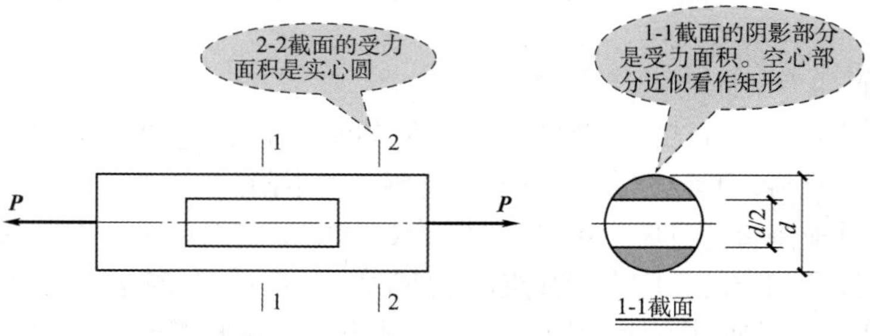

图　3-2

解：第 1 步：应用截面法求出 1-1 和 2-2 截面上的内力。

$$N_1 = N_2 = 15\text{kN（拉力）}$$

第 2 步：求拉杆 1-1 和 2-2 受拉截面的面积。因为杆件直径较小，1-1 截面上的空心部分面积可视为小矩形面积来进行计算。

$$A_1 = \frac{1}{4}\pi d^2 - d \cdot \frac{d}{2} = 114(\text{mm}^2)$$

$$A_2 = \frac{1}{4}\pi d^2 = 314(\text{mm}^2)$$

第3步:根据正应力计算公式求正应力。

$$\sigma_1 = \frac{N_1}{A_1} = \frac{15\,000}{114} = 131.8(\text{MPa})$$

$$\sigma_2 = \frac{N_2}{A_2} = \frac{15\,000}{314} = 47.8(\text{MPa})$$

3. 图 3-3 中起重吊钩的上端用螺母固定,若吊钩螺栓柱内径 $d=55\text{mm}$,外径 $D=63.5\text{mm}$,材料许用应力 $[\sigma]=80\text{MPa}$,试校核吊钩起吊重物 $P=170\text{kN}$ 时螺栓的强度。(见主教材习题 3-3)

解:吊钩螺栓的螺纹部分在上端,螺杆承受着起吊重物重量施加的拉力为 P。因为受拉面积为螺杆的实心面积,所以计算受拉积时采用螺纹内径 $d=55\text{mm}$。

由此得出:

$$\sigma_{\max} = \frac{N}{A} = \frac{P}{\frac{\pi a^2}{4}} = \frac{4 \times 170 \times 10^3}{3.14 \times 55^2} = 71.59(\text{MPa})$$

$$\sigma_{\max} < [\sigma] = 80\text{MPa}$$

图　3-3

因此,吊钩螺栓的强度满足要求。

4. 一载物木箱重 5kN,用绳索吊起,如图 3-4 所示,试问每根吊索受力多少?如吊索用麻绳,试选择麻绳的直径。麻绳的许用应力如表 3-1 所示。(见主教材习题 3-4)

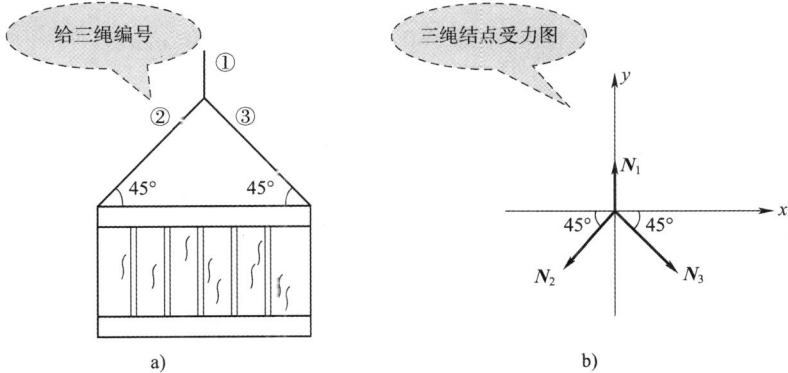

图　3-4

麻绳的许用应力　　　　表 3-1

麻绳直径(mm)	20	22	25	29
许用拉力(N)	3 200	3 700	4 500	5 200

解:第 1 步:给三绳编号①②③,如图 3-4a)所示。

第 2 步:画出三绳结点受力图,如图 3-4b)所示。由题意可知绳①所受拉力等于木箱重量。

第3步：根据平面汇交力系平衡条件，列平衡方程。

$$\sum X = 0, \quad N_3\cos45° - N_2\cos45° = 0$$
$$N_2 = N_3$$
$$\sum Y = 0, \quad N_1 - 2N_2\sin45° = 0$$

得：

$$N_1 = 5\text{kN}, \quad N_2 = N_3 = \frac{\sqrt{2}}{2}\times5 = 3.536(\text{kN})$$

因此，麻绳①所受拉力为5kN，麻绳②与麻绳③所受拉力为3.536kN。

按照麻绳的许用应力，选择麻绳①的直径为29mm，选择麻绳②和麻绳③的直径为22mm。

5.一矩形截面木杆，两端的截面被圆孔削弱，中间的截面被两个切口减弱，如图3-5所示。试验算在承受拉力 $P = 70\text{kN}$ 时杆是否安全，已知 $[\sigma] = 7\text{MPa}$。（见主教材习题3-5）

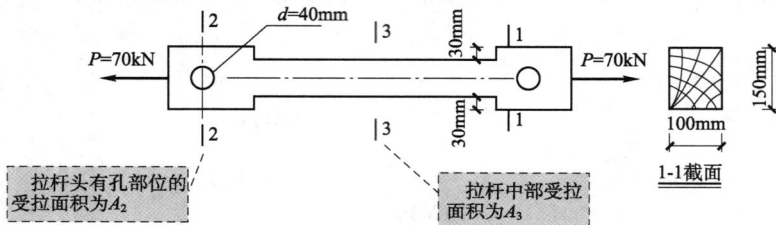

图 3-5

解：木杆受拉力，两端有孔的截面和杆中部截面面积都会小于1-1截面面积，则应选择面积最小的截面进行强度核算。

$$A_2 = 100\times150 - 100\times40 = 100\times110 = 11\,000(\text{mm}^2)$$
$$A_3 = 100\times150 - 100\times60 = 100\times90 = 9\,000(\text{mm}^2)$$
$$\sigma_{max} = \frac{P}{A_3} = \frac{70\times10^3}{9\,000} = 7.78(\text{MPa})$$

因此，$\sigma_{max} > [\sigma]$，木杆强度不足，不安全。

6.如图3-6所示钢木桁架，已知集中荷载 $P = 16\text{kN}$，杆 DI 为钢杆，钢的许用应力 $[\sigma] = 170\text{MPa}$，试选择 DI 杆的直径 d。（见主教材习题3-6）

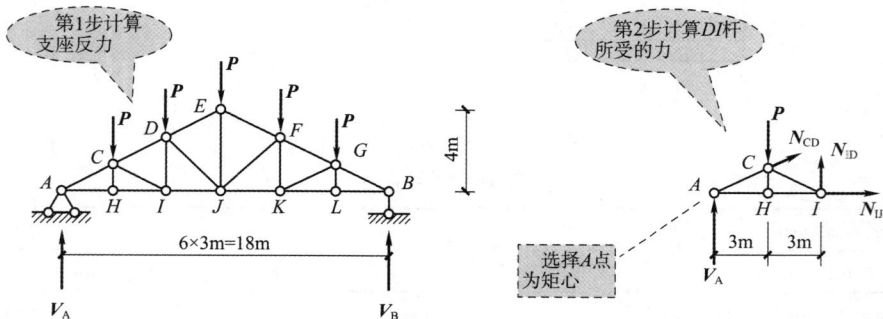

图 3-6

解:第1步:计算支座反力,由桁架结构可以看出,结构和荷载都是对称的,所以 A、B 两点的支座反力相等,为 $5P/2 = 40\text{kN}$。

第2步:取 A、C、I、H 4 个结点为研究对象,画出受力图,未知力均假设为拉力。选择 A 点为矩心,N_{CD}、N_{IJ} 两力作用线过 A 点,力矩为零。

列力矩平衡方程为:

$$\sum m_A = 0, \quad 6N_{ID} - 3P = 0$$

$$N_{ID} = \frac{P}{2} = 8\text{kN}$$

第3步:根据强度条件,确定杆 DI 的直径。

$$\frac{N_{ID}}{\frac{\pi d^2}{4}} \leqslant [\sigma]$$

$$d \geqslant \sqrt{\frac{4N_{ID}}{\pi[\sigma]}} = \sqrt{\frac{4 \times 8 \times 10^3}{3.14 \times 170}} = 7.723\,(\text{mm})$$

因此,选择钢杆 DI 的直径为 8mm。

7. 如图 3-7 所示,起重机的 BC 杆由钢丝绳 AB 拉住,钢丝绳直径 $d = 26\text{mm}$,$[\sigma] = 162\text{MPa}$,试问起重机的最大起重力 W 可达多少?(见主教材习题3-7)

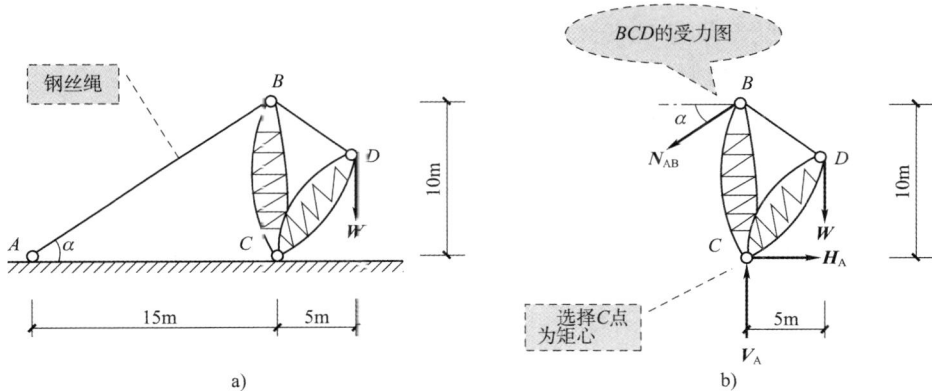

图 3-7

解:第1步:选取 BCD 起重架为研究对象,画出受力图,并选择矩心为 C 点。

第2步:列力矩平衡方程。

$$\sum m_C = 0, \quad 10N_{AB}\cos\alpha - 5W = 0$$

式中:

$$\cos\alpha = \frac{15}{\sqrt{15^2 + 10^2}} = 0.832$$

得:

$$W = 2N_{AB}\cos\alpha$$

第3步:根据钢丝绳的强度条件,确定最大起重力 W。

为保证钢丝绳的强度,必须满足:

$$N_{AB} \leqslant A[\sigma]$$

$$A = \frac{\pi d^2}{4}$$

$$W = 2N_{AB}\cos\alpha \leqslant 2\cos\alpha \cdot \frac{\pi d^2}{4} \cdot [\sigma]$$

$$= \frac{1}{2} \times 0.832 \times 3.14 \times 26^2 \times 162 = 143.05(\text{kN})$$

因此，最大起重力为 143kN。

8. 圆截面钢杆如图 3-8 所示,试求杆的最大正应力及杆的总伸长。（见主教材习题 3-8）

解：因为圆杆的两段的直径不同、长度不同,最大正应力发生在截面面积小的部分。应用 $\sigma = E\varepsilon$ 和 $\varepsilon = \Delta l/l$ 计算变形量时,注意分成两段计算后求代数和。

因此,杆的最大正应力为 127.4MPa;杆的总伸长为 $\dfrac{3.6 \times 10^4}{\pi E}$mm。

9. 截面为正方形的阶梯砖柱如图 3-9 所示。上柱高 $H_1 = 3\text{m}$,截面面积 $A_1 = 240\text{mm} \times 240\text{mm}$,下柱高 $H_2 = 4\text{m}$,截面面积 $A_2 = 370\text{mm} \times 370\text{mm}$,荷载 $P = 40\text{kN}$,砖的弹性模量 $E = 3\text{GPa}$,试计算（不考虑砖柱的自重）:（1）上、下柱的应力;（2）上、下柱的应变;（3）A 截面与 B 截面的位移。（见主教材习题 3-9）

解：分上下两段计算。注意上段截面上的压力为 P,下段截面上的压力为 $3P$。

(1)上、下柱的应力分别是 0.69MPa、0.88MPa。

(2)上、下柱的应变分别是 2.3×10^{-4}、2.93×10^{-4}。

(3)A 截面与 B 截面的位移分别是 0.69mm、1.172mm。

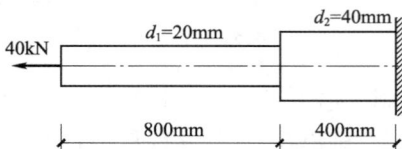

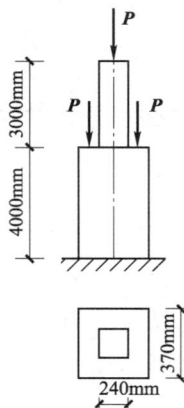

图 3-8　　　　　　　　图 3-9

10. 简单支架 BAC 的受力如图 3-10 所示。已知 $F = 18\text{kN}$,$\alpha = 30°$,$\beta = 45°$,AB 杆的横截面面积为 300mm^2,AC 杆的横截面面积为 350mm^2,试求:（1）各杆横截面上的拉应力;（2）若两杆的许用应力 $[\sigma] = 160\text{MPa}$,试校核两杆的拉伸强度。

解:第 1 步:取结点 A 为研究对象,画出 A 点受力图[图 3-10b)]。

第 2 步:列平衡方程求两杆拉力。

$$\sum X = 0, \quad N_{AC}\sin 30° - N_{AB}\sin 45° = 0$$

$$\sum Y = 0, \quad N_{AC}\cos30° + N_{AB}\cos45° - F = 0$$

解得:

$$N_{AB} = 9.32\text{kN}, \quad N_{AC} = 13.18\text{kN}$$

第3步:根据正应力计算公式求两杆的正应力。

$$\sigma_{AB} = \frac{N_{AB}}{A_{AB}} = \frac{9\,320}{300} = 31.07(\text{MPa})$$

$$\sigma_{AC} = \frac{N_{AC}}{A_{AC}} = \frac{13\,180}{350} = 37.66(\text{MPa})$$

第4步:根据轴向拉压正应力强度条件。

$$\sigma_{AB} = 31.07\text{MPa} \leqslant [\sigma] = 160\text{MPa}$$

$$\sigma_{AC} = 37.66\text{MPa} \leqslant [\sigma] = 160\text{MPa}$$

因此,两杆的拉伸强度满足要求。

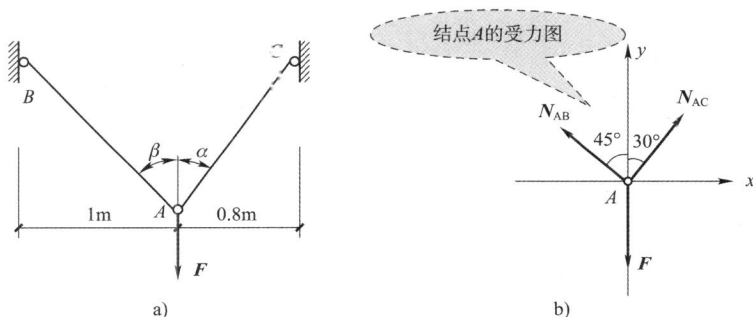

图 3-10

四、自测题及答案

1. 填空题

(1)杆件的四种基本变形是_____、_____、_____、_____。

(2)轴向拉(压)杆件的受力特点是:作用在杆件上的两个力(外力或外力的合力)_____,且作用线与杆轴线重合;变形特点是:杆件沿轴向发生_____。

(3)由两种或两种以上的基本变形组合而成的变形称为_____。

(4)产生拉伸变形时的轴力符号规定取_____,产生压缩变形时的轴力符号规定取_____。

(5)构件在外力作用下,单位面积上的_____称为应力,用符号_____表示;应力的正负规定与轴力_____,拉应力为_____,压应力为_____。

(6)在国际单位制中,应力的单位是帕,1Pa =_____N/m²,1MPa =_____Pa,1GPa =_____Pa。

(7)根据材料的抗拉、抗压性能不同,工程实际中低碳钢材料适宜作受_____杆件,铸铁材料适宜作受_____杆件。

(8)确定许用应力时,对于脆性材料_____为极限应力,而塑性材料以_____为极限应力。

2. 选择题

(1) 变截面杆 ABC 如图 3-11 所示。设 N_{AB}、N_{BC} 分别表示 AB 段和 BC 段的轴力，则下列结论正确的是(　　)。

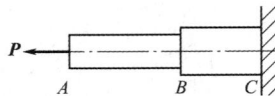

图 3-11

　　A. $N_{AB} = N_{BC} \neq P$　　　B. $N_{AB} \neq N_{BC}$　　　C. $N_{AB} = N_{BC} = P$　　　D. $N_{AB} \leq N_{BC}$

(2) 在其他条件不变时，若受轴向拉伸的杆件的面积增大一倍，则杆件横截面上的正应力将减少(　　)。

　　A. 1 倍　　　　　B. 1/2 倍　　　　　C. 2/3 倍　　　　　D. 1/4 倍

(3) 两个拉杆轴力相等，截面面积不相等，但杆件材料不同，则以下结论正确的是(　　)。

　　A. 变形相同，应力相同　　　　　　B. 变形相同，应力不同

　　C. 变形不同，应力相同　　　　　　D. 变形不同，应力不同

(4) 拉(压)杆应力公式 $\sigma = \dfrac{N}{A}$ 的应用条件是(　　)。

　　A. 应力在比例极限内　　　　　　B. 外力合力作用线必须沿着杆的轴线

　　C. 应力在屈服极限内　　　　　　D. 杆件必须为矩形截面杆

3. 计算题

(1) 三角支架如图 3-12 所示。已知 $P = 100\text{kN}$，两杆材料相同，许用应力 $[\sigma] = 160\text{MPa}$，BC 杆为正方形截面，边长 $a = 30\text{mm}$。

　　试：①画出 AB 杆、BC 杆、销 B 点的受力图。

　　②求两杆所受的力。

　　③校核 BC 杆的强度。

(2) 横截面面积为 10cm^2 的钢杆如图 3-13 所示。已知 $P = 20\text{kN}$，$Q = 20\text{kN}$，试作杆的轴力图，求杆 A 截面上的正应力。

(3) 如图 3-14 所示为起吊钢管的情况。已知钢管的重力 $G = 10\text{kN}$，绳索的直径 $d = 40\text{mm}$，其许用应力 $[\sigma] = 10\text{MPa}$，试校核绳索的强度。

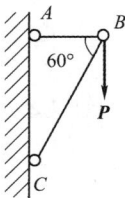

图 3-12

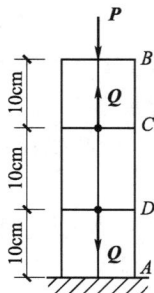

图 3-13

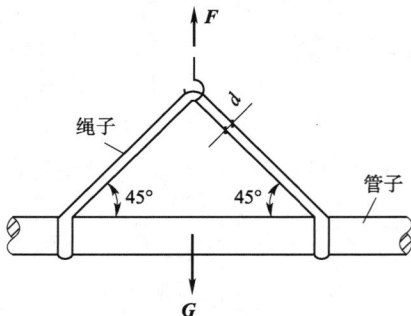

图 3-14

参考答案：

1. 填空题

(1) 轴向拉伸与压缩；剪切；扭转；弯曲

(2)大小相等、方向相反;伸长或缩短

(3)组合变形

(4)正号;负号

(5)内力;σ;相同;正;负

(6)1;10^6;10^9

(7)拉;压

(8)强度极限;屈服极限

2.选择题

(1)C;   (2)B;   (3)D;   (4)B

3.计算题

(1)①受力图略。

②$N_{AB} = 57.7kN$(拉力);$N_{BC} = 115.47kN$(压力)。

③$\sigma_{BC} = 128.3MPa$(压应力)$< [\sigma] = 160MPa$。

BC 杆的强度足够(或 *BC* 杆安全)。

(2)解:①采用截面法求 *A-A* 截面上的内力:

$$N_{A-A} = 20kN$$

②求 *A-A* 截面的面积:

$$A_{A-A} = 100\ 000mm^2$$

③根据正应力计算公式求正应力:

$$\sigma_{A-A} = \frac{N_{A-A}}{A_{A-A}} = \frac{20\ 000}{100\ 000} = -0.5(MPa)(压应力)$$

(3)$\sigma_{max} = 5.63MPa < [\sigma] = 10MPa$,绳索强度满足要求。

五、阅读材料

安阳烟囱脚手架倒塌事故

1.事故概况

2004 年 5 月 12 日上午,在河南省安阳市发生了一场罕见的生产安全事故。一座高 68m 的烟囱刚刚竣工,用来进行烟囱施工的 75m 高的脚手架在拆除时,在距离地面 10m 左右处突然折断而轰然倒塌,如图 3-15 所示。当时正在脚手架上作业的 31 名工人全部翻下坠落,最终造成 21 人死亡,10 人受伤。

从事故现场可以看到,断裂的钢质脚手架是向南侧倒去,刚架的最前端砸到了对面一个巨大的水泥混凝土壁沿上,刚架全部扭曲变形,碎裂的钢管飞到了远处的路面上。因为遇险者大多数被紧紧地夹在变形的脚手架内,抢救人员不得不使用焊枪割开钢管救人。此次事故导致直接经济损失 268.3 万元。

图 3-15

2. 事故原因

（1）烟囱外井架共有 16 根起支撑作用的缆风绳，事发前，已拆除了北侧 2 根缆风绳，导致外井架失去稳定性。

（2）进行拆除施工的工人均在井架内部南侧施工，南侧风力较大，导致架身因受力不均匀而发生偏转。

（3）施工人员未经岗位培训就上岗作业。

（4）另据警方调查，出事的脚手架不是专用产品。

3. 事故教训

（1）安全生产责任制未落实。业主单位没有对施工作业队伍的资质、从业人员的资格进行审查，对工程现场的安全管理不到位。

（2）监理职责未履行。监理公司对井架拆除方案未进行审查，现场监理不力，没能及时发现重大安全隐患。

（3）工程指挥部在有关建设手续未办理完备的情况下开工建设，并且要求施工单位把合同约定的工期 110d 压缩到 71d，严重违反了《建设工程安全生产管理条例》的有关规定。

（4）上级政府的派出机构也没有履行政府赋予的规划建设等方面的行政管理职责，导致安全监管缺位。

总之，工程施工现场负责人安全意识淡薄，违章指挥。现场施工人员安全防护意识差，违规作业，盲目拆除顶部缆风绳是导致事故发生的直接原因。这是一起因严重违章指挥、违规作业、违反建设程序、有关各方监督管理不力、安全责任不落实而导致的特大责任事故。

课题四
SUBJECT FOUR

梁的弯曲内力与强度计算

一、学习目标

(1) 能够绘制单跨梁在简单荷载下的内力图。
(2) 会应用正应力强度条件解决梁的强度校核问题。
(3) 能够准确计算组合图形的形心和惯性矩。
(4) 能够分析和计算建筑物中典型构件的弯曲强度问题。

二、重难点与学习建议

1. 重难点

1) 内力图的画法

(1) 根据剪力方程和弯矩方程作内力图。

(2) 简捷作图法——利用 M、Q 图与荷载之间的规律作内力图。

(3) 用叠加法作内力图。当对梁在简单荷载作用下的弯矩图比较熟悉时,用叠加法作弯矩图是非常方便的。

在进行内力计算时,需特别注意下列几点:

(1) 用截面法计算内力应作为基本方法学好它。要掌握好截面法计算内力,则必须熟练而正确地画出研究对象图,根据研究对象上的力建立平衡方程。

(2) 在列平衡方程计算内力时,要弄清静力平衡方程中出现的正负号和对 M、Q 规定的正负号之间的区别。

(3) 正确校核支座反力值和方向的精确性,正确判断外力和外力矩的正负。

2) 梁的正应力强度

弯曲理论在工程中有着广泛的实用意义,同时,它比较集中和完整地反映了材料力学研究问题的基本方法,因此是工程力学的重点内容。

弯曲时梁的横截面上一般存在着弯曲正应力 σ。

正应力计算公式:

$$\sigma_{max} = \frac{My}{I_z}$$

正应力强度条件：

$$\sigma_{\max} = \frac{M_{\max}}{W_z} \leqslant [\sigma]$$

在使用计算公式及对梁进行强度计算时，应注意以下几点：

（1）通常，弯曲正应力是决定梁强度的主要因素。因此，应按弯曲正应力强度条件对梁进行强度计算（校核、设计截面尺寸及确定许可的外荷载），而在一些特殊情况下，才需对梁进行剪应力强度校核。

（2）正确使用正应力公式及对梁进行强度计算。

必须弄清楚所要求的是哪个截面上、哪一点的正应力，从而确定该截面上的弯矩 M、该截面对中性轴的惯性矩 I_z 及该点到中性轴的距离 y，然后代入公式进行计算。

梁在中性轴的两侧分别受拉或受压，弯曲正应力的正负号可根据弯矩的正负号来判断确定。

正应力在横截面上沿高度呈线性规律分布，在中性轴上正应力为零，而在梁的上、下边缘处正应力最大。

（3）正应力与梁的横截面形状、尺寸及其放置的方式有关。因此，必须对有关截面图形的几何性质有足够的重视，并能熟练地进行运算。

（4）对梁进行强度计算的步骤。

第 1 步：根据梁所受荷载及约束反力，画出梁的受力图，计算支座反力。

第 2 步：画出剪力图和弯矩图，确定 $|M_{\max}|$ 及其所在截面位置，即确定危险截面。

第 3 步：判断危险截面上的危险点。即计算危险点的最大正应力的数值。

第 4 步：进行弯曲正应力强度计算。即将计算出来的最大正应力值与许用应力值进行比较得出结论。

3）梁的截面性质

静矩、惯性矩、极惯性矩等均属于平面图形的纯几何性质。

静矩是对轴而言的，由定义可知，静矩为代数量。其常用单位是：m^3、mm^3。截面对其形心轴的静矩等于零；反之，若截面对其形心轴的静矩等于零，则该轴一定通过截面的形心。

惯性矩也是对轴而言的，由定义可知，惯性矩恒为正值，其常用单位是：m^4、mm^4。

在惯性矩计算中常用到平行移轴公式：

$$I_{z1} = I_z + a^2 A$$
$$I_{y1} = I_y + b^2 A$$

该公式的适用条件是：z、y 轴必须通过截面形心。

4）矩形和圆形截面惯性矩计算公式

矩形和圆形截面对其形心轴的惯性矩计算公式 $I_z = \dfrac{bh^3}{12}$ 和 $I_z = \dfrac{\pi d^4}{64}$ 为常用公式，对这两个公式应熟记。

2. 学习建议

必须高度重视本课题的学习，弯曲变形是工程中最常见的一种基本变形形式，梁的剪力图和弯矩图作为判断危险截面的主要依据，也被视为土木工程技术人员的基本功；通过三维动画等主教材数字化资源探究理解剪力和弯矩的概念、正应力分布特点;重点掌握简捷法绘制梁的内力图,并要进行大量的练习;利用梁的强度条件,分析提高梁的弯曲强度的措施。

三、习题解析

1.求图 4-1 指定截面上的弯矩和剪力。(见主教材习题 4-1)

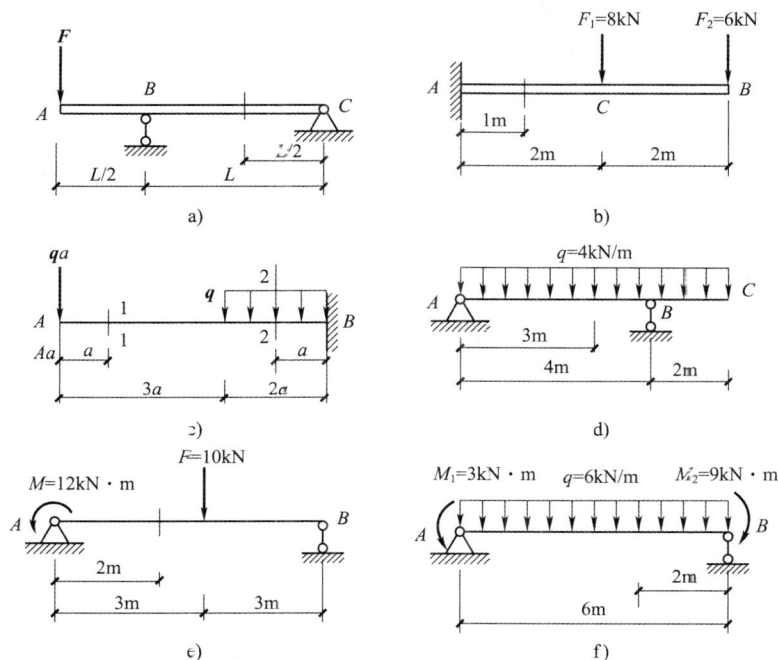

图 4-1

解:图 4-1a)距离 C 端 $L/2$ 处截面上的内力:弯矩 $M = -\dfrac{FL}{2}$;剪力 $Q = +\dfrac{F}{2}$。

图 4-1b)距离 A 端 1m 处截面上的内力:$M = -26\text{kN} \cdot \text{m}$;$Q = +14\text{kN}$。

图 4-1c)1-1 截面上的内力:$M_{1\text{-}1} = -qa^2$;$Q_{1\text{-}1} = -qa$;

$\qquad$ 2-2 截面上的内力:$M_{2\text{-}2} = -\dfrac{9}{2}qa^2$;$Q_{2\text{-}2} = -3qa$。

图 4-1d)距离 A 端 3m 处截面上的内力:$M = 0$;$Q = -6\text{kN}$。

图 4-1e)距离 A 端 2m 处截面上的内力:$M = 2\text{kN} \cdot \text{m}$;$Q = +5\text{kN}$。

图 4-1f)距离 B 端 2m 处截面上的内力:$M = 29\text{kN} \cdot \text{m}$;$Q = -19\text{kN}$。

2.求作图 4-2a)所示梁的弯矩图和剪力图。[见主教材习题 4-2 图 a)]

解:第 1 步:画梁的受力图,列平衡方程求支座反力。

$$\sum M_A = 0, \quad -M + V_B l = 0$$
$$\sum Y = 0, \quad -V_A + V_B = 0$$

解得:
$$V_B = \frac{M}{l}(\uparrow), \quad V_A = \frac{M}{l}(\downarrow)$$

第 2 步：画剪力图［图 4-2b）］。用截面法求出 $Q_A^{右} = -\dfrac{M}{l}, Q_B^{左} = -\dfrac{M}{l}$。

梁上无均布荷载，Q 图为直线。

第 3 步：画弯矩图［图 4-2c）］。用截面法求出 $M_A^{右} = M, M_B^{左} = 0$。

梁上无均布荷载，M 图为直线。

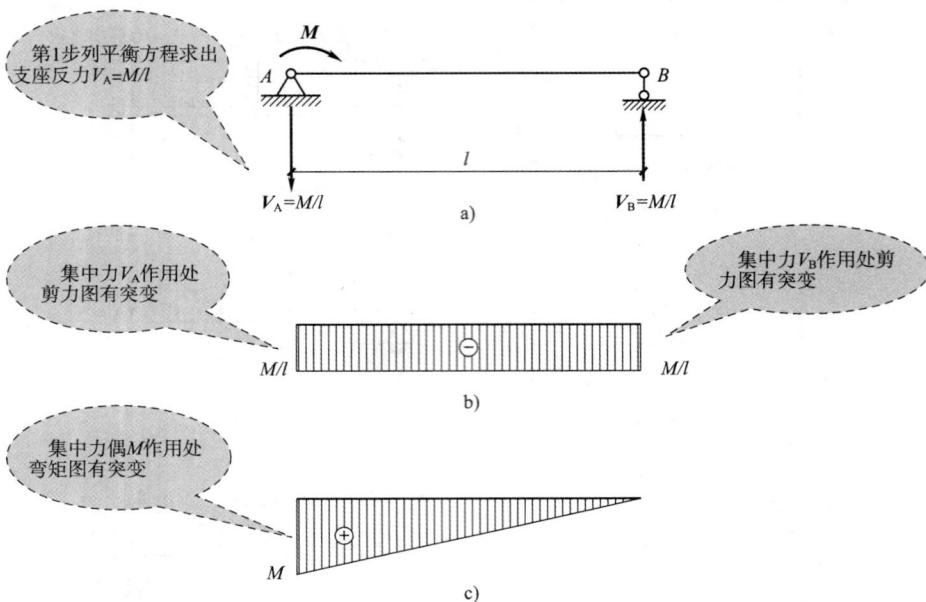

第 1 步列平衡方程求出支座反力 $V_A = M/l$

集中力 V_A 作用处剪力图有突变

集中力 V_B 作用处剪力图有突变

集中力偶 M 作用处弯矩图有突变

图 4-2

3. 求作图 4-3a）所示梁的弯矩图和剪力图。［见主教材习题 4-2 图 b）］

解：第 1 步：画梁的受力图，列平衡方程求支座反力。

$$\sum M_B = 0, \quad \frac{ql}{2}\cdot\frac{l}{2} - V_C l = 0$$

$$\sum Y = 0, \quad -\frac{ql}{2} + V_B - V_C = 0$$

解得：

$$V_C = \frac{ql}{8}(\downarrow), \quad V_B = \frac{5ql}{8}(\uparrow)$$

第 2 步：画剪力图［图 4-3b）］。用截面法求出 $Q_A^{右} = 0, Q_B^{左} = -\dfrac{ql}{2}, Q_B^{右} = Q_B^{左} = +\dfrac{ql}{8}$。

梁上无均布荷载，Q 图为直线。

第 3 步：画弯矩图［图 4-3c）］。用截面法求出 $M_A^{右} = 0, M_B^{左} = M_B^{右} = -\dfrac{ql^2}{8}$。

梁上无均布荷载，M 图为直线。

第 4 步：最大剪力发生在梁的支座 B 左截面处，$|Q_{max}| = Q_B^{左} = \dfrac{ql}{2}$。

最大弯矩发生在梁的 B 截面，$|M_{max}| = M_B = \dfrac{ql^2}{8}$。

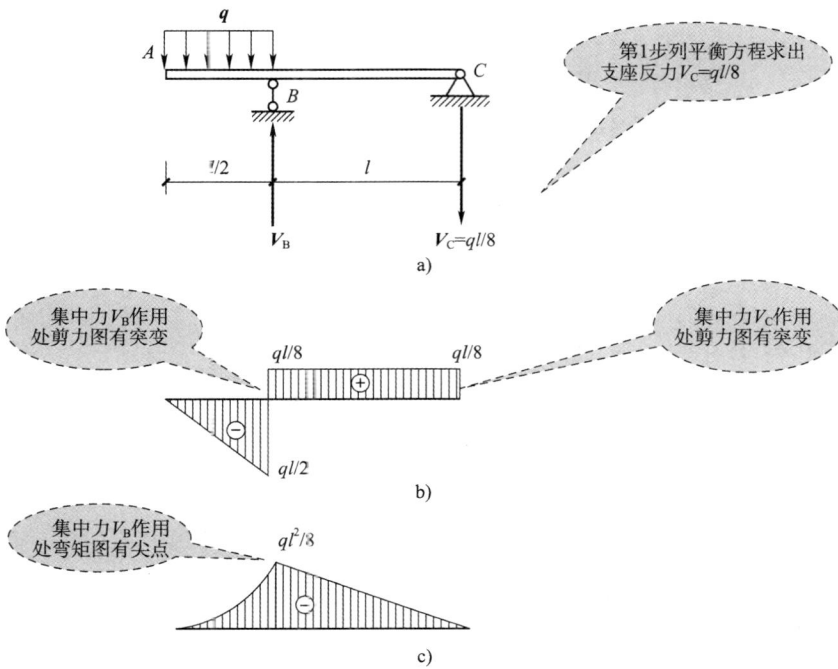

第1步列平衡方程求出
支座反力$V_C=ql/8$

集中力V_B作用
处剪力图有突变

集中力V_C作用
处剪力图有突变

$ql/8$ $ql/8$

$ql/2$

b)

集中力V_B作用
处弯矩图有尖点

$ql^2/8$

c)

图 4-3

4. 求作图4-4a)所示梁的弯矩图和剪力图。[见主教材习题4-2图c)、d)]

解:计算过程略,剪力图和弯矩图如图4-4b)、c)所示。

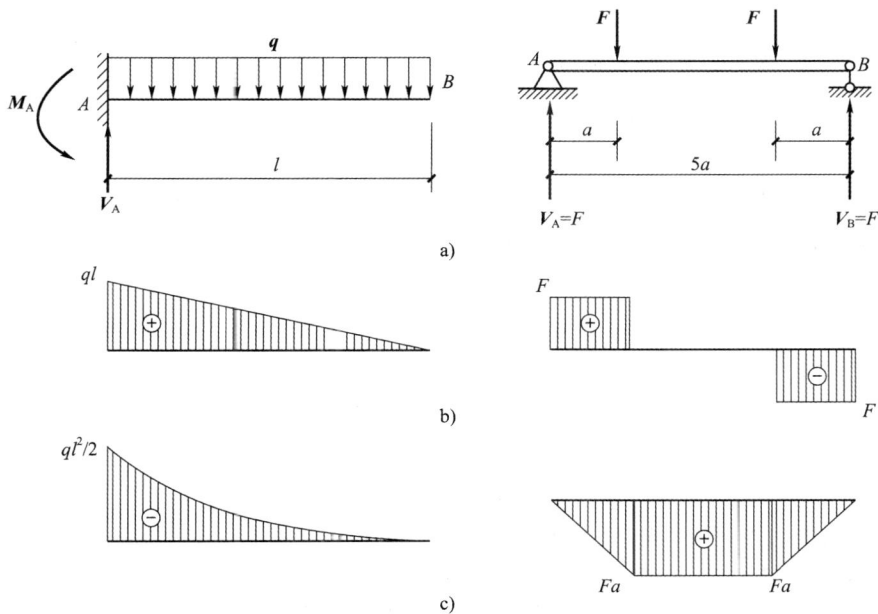

图 4-4

5. 用简捷法作图4-5a)所示梁的弯矩图和剪力图。[见主教材习题4-3图a)]

解:第1步:画受力图,列平衡方程,求支座反力。

$$\sum M_A = 0, \quad -M_1 + M_2 - V_B l = 0$$

$$V_B = \frac{1}{l}(-M_1 + M_2) = \frac{1}{4}(-8 + 12) = 1(\text{kN}) \ (\downarrow)$$

$$\sum Y = 0, \quad V_A - V_B = 0, \quad V_A = 1\text{kN}(\uparrow)$$

第2步：画剪力图［图4-5b）］。按照从左向右的顺序，从A点向上1kN，梁上无荷载，画水平线至B点，向下画竖直线1kN到基准线。

第3步：画弯矩图［图4-5c）］。梁的A、B两端有集中力偶作用，弯矩图有突变。

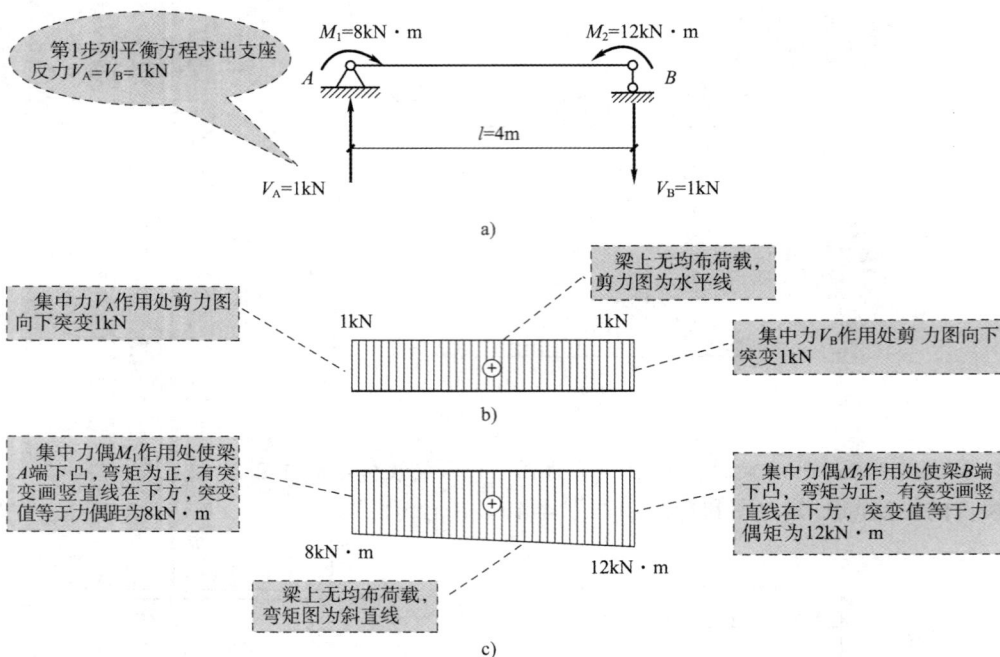

图 4-5

6. 用简捷法作图4-6a）所示梁的弯矩图和剪力图。［见主教材习题4-3图b）］

解：第1步：画受力图，列平衡方程，求支座反力。

$$\sum M_A = 0, \quad -M_1 + M_2 - V_B l = 0$$

$$V_B = \frac{1}{l}(-M_1 + M_2) = \frac{1}{4}(-8 + 12) = 1(\text{kN}) \ (\downarrow)$$

$$\sum Y = 0, \quad V_A - V_B = 0$$

$$V_A = 1\text{kN}(\uparrow)$$

第2步：画剪力图［图4-6b）］。按照从左向右的顺序，从A点向上8kN，梁上有均布荷载画下斜线至B点12kN，向上画竖直线至基准线。BC段剪力为零。

第3步：画弯矩图［图4-6c）］。梁的C端有集中力偶作用，弯矩图有突变，负弯矩8kN·m画在上方。BC段剪力为零，弯矩图为水平线。梁AB段上游均布荷载作用，弯矩图为抛物线。剪力为零的截面弯矩有极值，可用截面法求出：

$$x = 1.6\text{m}, \quad M_{max} = 6.4\text{kN}\cdot\text{m}$$

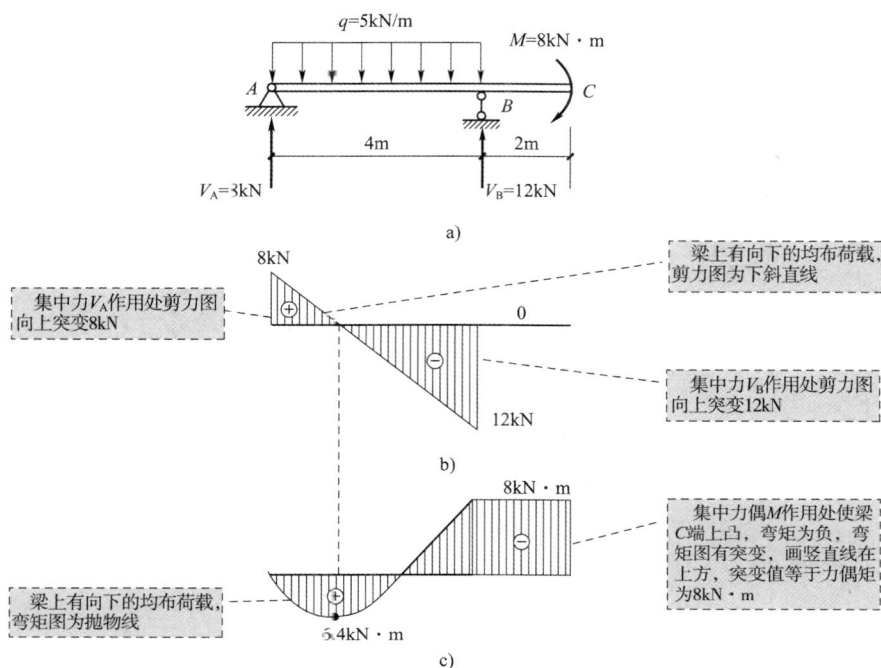

图 4-6

7. 用简捷法作图 4-7a) 所示梁的弯矩图和剪力图。[见主教材习题 4-3 图 c)]

解：先画受力图，剪力图与弯矩图如图 4-7b)、c)所示。计算过程略。

8. 用简捷法作图 4-8a) 所示梁的弯矩图和剪力图。[见主教材习题 4-3 图 d)]

解：先画受力图，剪力图与弯矩图如图 4-8b)、c)所示。计算过程略。

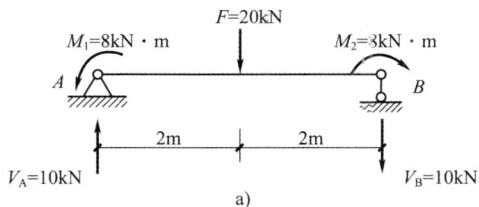

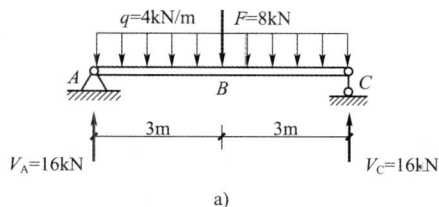

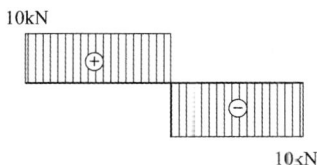

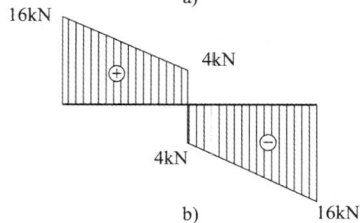

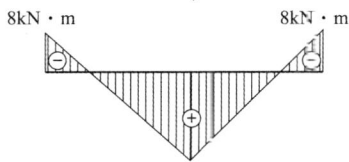

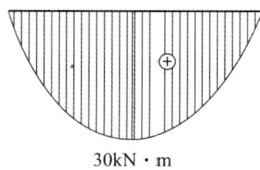

图 4-7

图 4-8

9. 用简捷法作图4-9所示梁的弯矩图和剪力图。［见主教材习题4-3图e)］

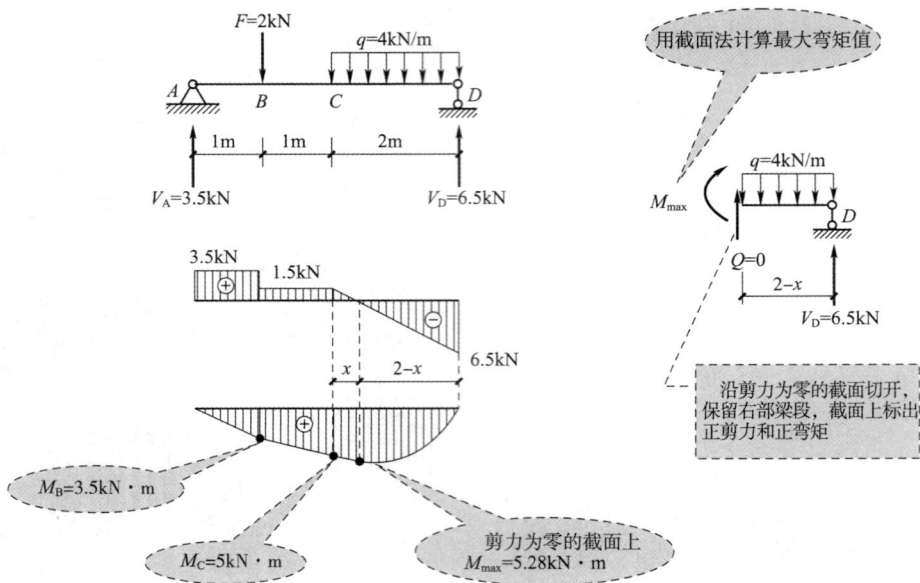

图 4-9

解：步骤如图4-9所示。

第1步：画受力图，列平衡方程，求支座反力。

$$\sum M_A = 0, \quad -F \times 1 - q \times 2 \times 3 + V_D \times 4 = 0$$

$$V_D = \frac{1}{4}(F \times 1 + q \times 2 \times 3) = \frac{1}{4}(2 \times 1 + 4 \times 2 \times 3) = 6.5(kN)(\uparrow)$$

$$\sum Y = 0, \quad V_A + V_B - F - 2q = 0$$

$$V_A = F + 2q - V_D = 2 + 2 \times 4 - 6.5 = 3.5(kN)(\uparrow)$$

第2步：画剪力图。分成AB、BC、CD三段按照从左向右的顺序画，从A点向上3.5kN，梁上无均布荷载画水平线至B点；B点处有集中力F向下突变2kN画至1.5kN，画水平线；CD段有均布荷载，画下斜线。D点有支座反力向上突变6.5kN，向上画竖直线至基准线。

第3步：画弯矩图。在AB、BC、CD三段，分别按照M、Q、q的微分关系分段画弯矩图。根据M、Q、q的微分关系可知：AB和BC段弯矩图为向下的斜直线、CD段弯矩图为抛物线。CD段距离C点x处剪力为零，此截面上有最大弯矩M_{max}。

CD段上的最大弯矩用截面法计算：首先求出剪力为零截面的位置，根据剪力图中CD段的相似三角形比例关系，得出比例式：

$$\frac{x}{2-x} = \frac{1.5}{6.5}, \quad x = \frac{3}{8} = 0.375(m)$$

假想着沿剪力为零的截面将梁切开，保留右部梁段，得出：

$$M_{max} = V_D(2-x) - q(2-x) \times \frac{(2-x)}{2}$$

$$= 6.5(2-0.375) - 4 \times (2-0.375)\frac{2-0.375}{2} = 5.28(kN \cdot m)$$

10.用简捷法作图4-10梁的弯矩图和剪力图。[见主教材习题4-3图f)]

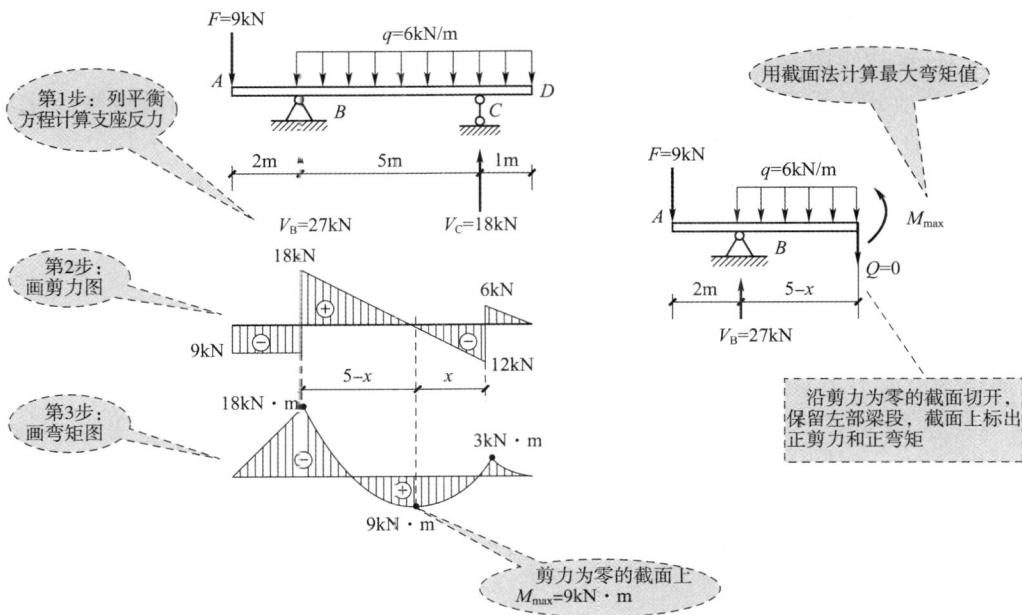

图 4-10

解：步骤如图4-10所示。

第1步：画受力图,列平衡方程,求支座反力。

$$\sum M_B = 0, \quad F \times 2 - q \times 6 \times 3 + V_C \times 5 = 0$$

$$V_C = \frac{1}{5}(-F \times 2 + 6 \times 6 \times 3) = \frac{1}{5}(-9 \times 2 + 6 \times 6 \times 3) = 18(\text{kN})(\uparrow)$$

$$\sum Y = 0, \quad V_C + V_B - F - 6q = 0$$

$$V_B = F + 6q - V_C = 9 + 6 \times 6 - 18 = 27(\text{kN}) \ (\uparrow)$$

第2步：画剪力图。分成 AB、BC、CD 三段按照从左向右的顺序画。

AB 段的 A 点有集中力 F,剪力图有突变,向下画 9kN,AB 段上无均布荷载,剪力图画水平线。B 点有集中力 V_B,剪力图由 -9kN 向上突变 27kN 至 $+18$kN 处。

BC 段梁上有均布荷载,画下斜线,由 $+18$kN 至 -12kN 处。按照 $q = \dfrac{\mathrm{d}Q}{\mathrm{d}x}$,有 $\mathrm{d}Q = q\mathrm{d}x$,在直线图形中就会有关系式 $\Delta Q = q\Delta x$。由此可知：在均布荷载分布的梁段,剪力的改变量 ΔQ 可以由荷载集度 q 与均布荷载分布长度的乘积来确定。$Q_C^{左}$ 的值可以计算 $\Delta Q = q\Delta x$ 得出。BC 段的剪力改变量 $\Delta Q = q\Delta x = 6 \times 5 = 30(\text{kN})$。$BC$ 段的左端剪力 $Q_B^{右}$ 是 $+18$kN 下斜至 $Q_C^{左}$,因为 $\Delta Q = 30$kN,BC 段的右端剪力 $Q_C^{左} = -12$kN。也就是从 $+18$kN 到 -12kN 剪力的改变量 $\Delta Q = 30$kN。

CD 段的 C 点有集中力 V_C,剪力图由 -12kN 向上突变 18kN 至 $+6$kN 处。CD 段梁上有均

布荷载,剪力图为下斜线。因为 $\Delta Q = q\Delta x = 6 \times 1 = 6\text{kN}$,也就是剪力的改变量为 $\Delta Q = 6\text{kN}$,剪力图由 $Q_C^{右} = +6\text{kN}$ 下斜至 D 点,$Q_D^{左} = 0$。

第3步:画弯矩图。在 AB、BC、CD 三段,分别按照 M、Q、q 的微分关系分段画弯矩图。根据 M、Q、q 的微分关系可知:AB 段为向上的斜直线,BC 段和 CD 段弯矩图为抛物线。BC 段距离 C 点 x 处剪力为零,此截面上有最大弯矩M_{max}。

BC 段上的最大弯矩用截面法计算:首先求出剪力为零截面的位置,根据剪力图中 BC 段的相似三角形比例关系,得出比例式:

$$\frac{x}{5-x} = \frac{12}{18}, \quad x = 2(\text{m})$$

假想着沿剪力为零的截面将梁切开,保留左部梁段,得出:

$$M_{max} = -F \times (2+5-x) + V_B(5-x) - q(5-x) \times \frac{(5-x)}{2}$$

$$= -9(2+5-2) + 27 \times (5-2) - 6 \times (5-2)\frac{5-2}{2} = 9(\text{kN} \cdot \text{m})$$

11.用叠加法作图 4-11 所示各梁的弯矩图和剪力图。[见主教材习题 4-4 图 a)]

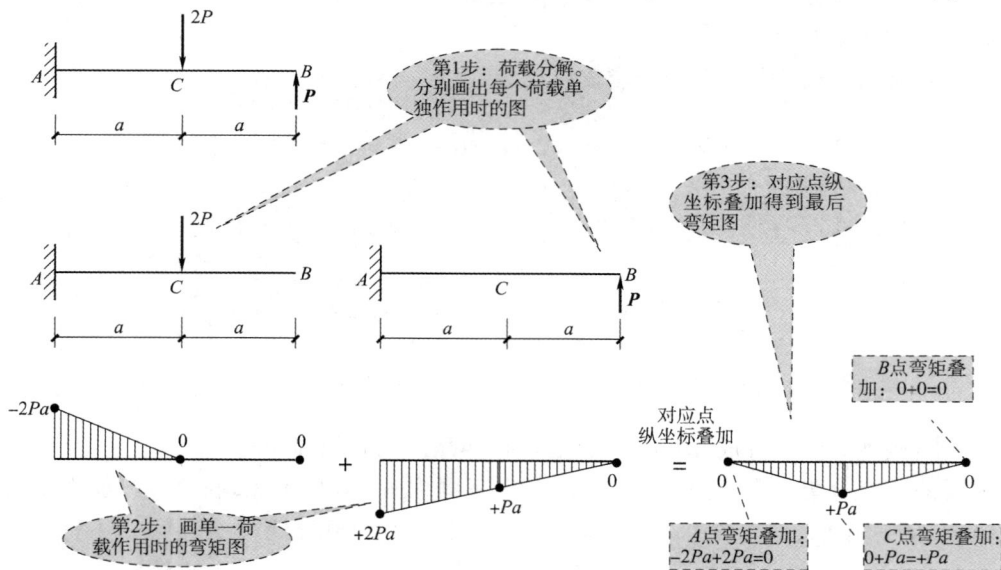

图　4-11

解:作图步骤如图 4-11 所示。

第 1 步:荷载分解。将梁上原图中的两个力 C 点的 $2P$ 和 B 点的 P 单独作用下的梁图画出来。

第 2 步:分别画出每一个荷载单独作用时梁的弯矩图。

第 3 步:将两个弯矩图上相对应的 A、B、C 三点的弯矩坐标值叠加,就可得到两个荷载共同作用下的弯矩图。

12. 用叠加法作图 4-12 所示各梁的弯矩图和剪力图。[见主教材习题 4-4 图 b)]

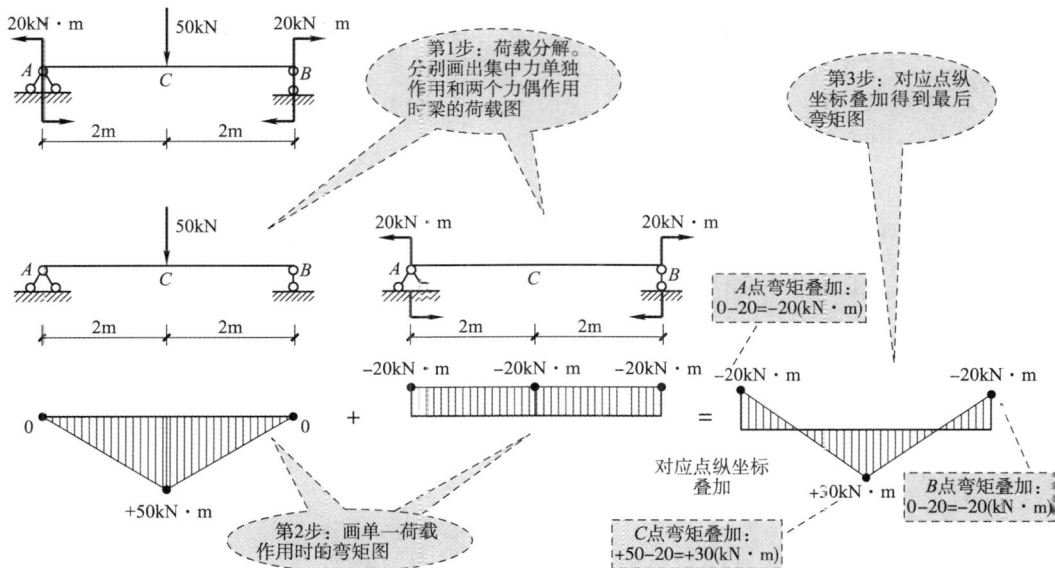

图 4-12

解:作图步骤如图 4-12 所示。

第 1 步:荷载分解。分别将原图中的梁上 C 点的集中力单独作用和 A、B 两个力偶同时作用的梁图画出来。

第 2 步:分别画出集中力单独作用时梁的弯矩图和两个力偶同时作用时梁的弯矩图。

第 3 步:将两个弯矩图上相对应的 A、B、C 三点的弯矩坐标值叠加,就可得到三个荷载共同作用下的弯矩图。

13. 用叠加法作图 4-13 所示各梁的弯矩图和剪力图。[见主教材习题 4-4 图 c)、d)]

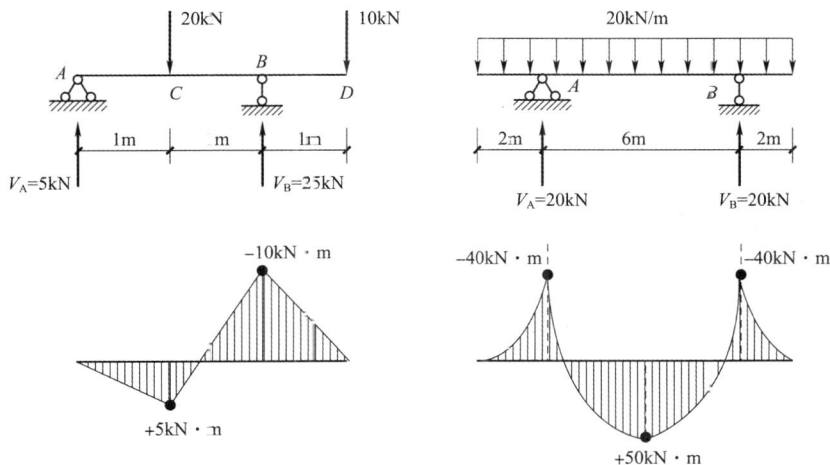

图 4-13

解:弯矩图和剪力图如图 4-13 所示。

14. 用叠加法作图 4-14 所示各梁的弯矩图和剪力图。[见主教材习题 4-4 图 e)、f)]

解:弯矩图和剪力图如图 4-14 所示。

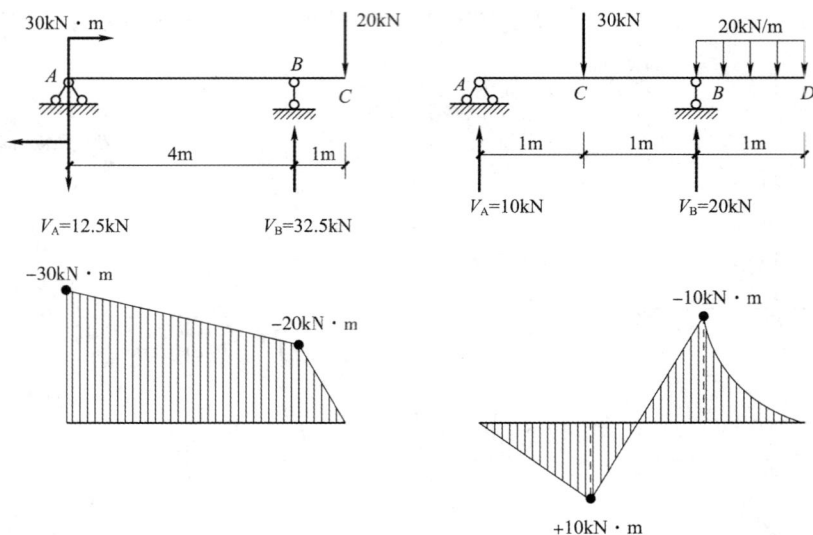

图 4-14

15. 求图 4-15 所示 T 形截面图形的形心。（见主教材习题 4-5）

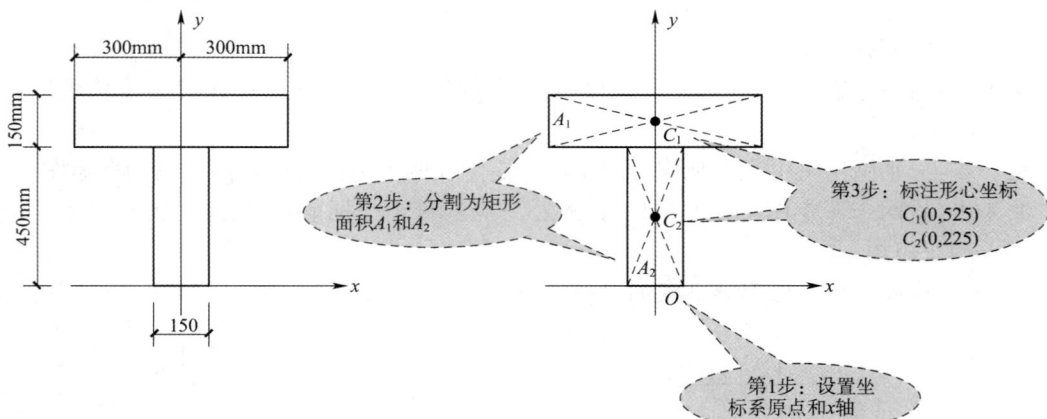

图 4-15

解：如图 4-15 所示，注意图中未标注长度单位时，以毫米为单位计算。

第 1 步：设置坐标系原点在底边的中点 O 处，画出水平轴 x。

第 2 步：采用分割法画出两个矩形，小矩形面积分别设为 A_1 和 A_2。

第 3 步：标出两个小矩形在坐标系的形心位置坐标值 (x_1,y_1) 和 (x_2,y_2)。

$$(x_1,y_1)=(0,525)$$
$$(x_2,y_2)=(0,225)$$

第 4 步：利用形心公式计算形心坐标。

因为 T 形截面相对于 y 轴左右对称，所以形心的横坐标：$x_C=0$。

形心的纵坐标用形心公式计算，得出：

$$y_C=\frac{A_1\cdot y_1+A_2\cdot y_2}{A_1+A_2}=\frac{150\times600\times525+150\times450\times225}{150\times600+150\times450}=396.43(\text{mm})$$

16. 试求图 4-16 所示平面图形的形心及该图对形心轴的惯性矩。（见主教材习题 4-6）

解：第 1 步：设置坐标系原点在底边中点。横轴为 z。

第 2 步：用分割法计算形心的纵坐标 y_c。

第 3 步：在图中标出分割面积 A_1、A_2 的形心横轴与组合图形形心轴 z_c 之间的距离 b_1、b_2。

第 4 步：利用平行移轴公式计算 I_{zc}^1 和 I_{zc}^2。

$$I_{zc}^1 = I_{z1}^1 + A_1 \times b_1^2$$

$$I_{zc}^2 = I_{z2}^2 + A_2 \times b_2^2$$

$$I_{zc} = I_{z1}^1 + I_{z2}^2$$

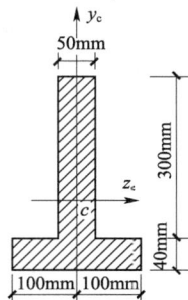

图 4-16

17. 试求图 4-17 所示平面图形对 y 轴、z 轴的惯性矩 I_z、I_y。（见主教材习题 4-7）

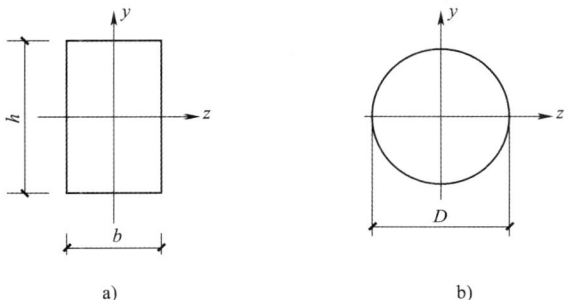

a)   b)

图 4-17

解：如图 4-17 所示，因为 y 轴和 z 轴都通过了矩形截面的形心，所以直接利用形心轴惯性矩公式进行计算。

图 4-17a）：

$$I_y = I_{zc} = \frac{hb^3}{12}; \quad I_z = I_{zc} = \frac{bh^3}{12}$$

图 4-17b）：

$$I_z = I_y = I_{zc} = I_{zc} = \frac{\pi D^4}{64}$$

18. 如图 4-18 所示，某 20a 工字形钢梁在跨中作用有集中力 F，已知 $l = 6\text{m}$，$F = 20\text{kN}$，求梁跨中截面上的最大正应力。（见主教材习题 4-8）

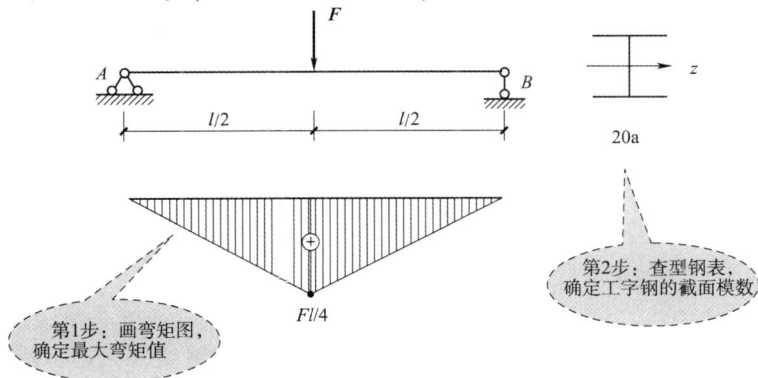

图 4-18

解：第 1 步：画梁的弯矩图，确定跨中截面的弯矩值。

简支梁中点受到集中力 F 的作用，梁的最大弯矩发生在中点截面。

得到：

$$\left| M_{max} \right| = \frac{Fl}{4} = \frac{20 \times 6}{4} = 300 \, (kN \cdot m)$$

第 2 步：查型钢表确定 20a 工字型钢的抗弯截面模量。

$$W_z = W_x = 237 \, cm^3$$

查表时请注意看《热轧型钢》（GB/T 706—2016）中的工字形钢图，抗弯截面模量是对中性轴而言的。此题中梁的中性轴是 z 轴，查表时对应的是工字形截面图形的形心轴 x-x。查主教材附表 1 中的截面模数 W_x（cm^3）。

第 3 步：计算梁中点截面上的最大正应力 σ_{max}。

$$\sigma_{max} = \frac{M_{max}}{W_z} = \frac{300 \times 10^6}{237 \times 10^3} = 1\,265.83 \, (MPa)$$

最大正应力发生在中点截面的上、下边缘处。

19. T 形截面外伸梁上作用有均布荷载，梁的截面尺寸如图 4-19 所示，已知 $l = 1.5 \, m$，$q = 8 \, kN/m$，求梁的最大拉应力和压应力。（见主教材习题 4-9）

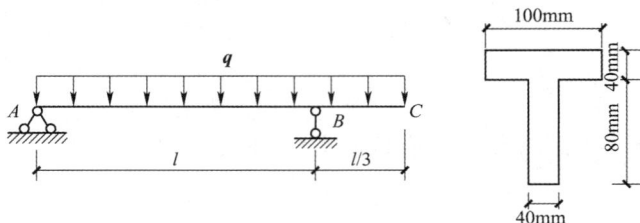

图　4-19

解：解题思路和步骤提示如下：

第 1 步：画弯矩图，确定最大正弯矩和最大负弯矩。梁弯曲变形时产生的凹凸方向不同，梁上下边缘处的应力有可能是拉应力，也可能是压应力。

第 2 步：计算 T 形截面的形心。首先自选确定一个坐标系，横轴为 z，纵轴为 y，标出形心坐标。采用分割法，利用形心公式求出形心纵坐标 y_c。

第 3 步：计算 T 形截面对中性轴 z_c 的惯性矩。采用分割法，利用平行移轴公式计算 I_{zc}。

第 4 步：计算最大拉应力和最大压应力。

注意：（1）此处因为 T 形截面的上、下不对称，必须分别计算上、下边缘处的拉压应力，则要利用弯曲应力公式：

$$\sigma_{max}^+ = \frac{M_B y_{max}}{I_{zc}}$$

$$\sigma_{max}^- = \frac{M_B y_{max}}{I_{zc}}$$

（2）要注意分析弯矩图中最大正弯矩（梁下凸则截面下边缘受拉上边缘受压）和最大负弯矩（梁上凸则截面上边缘受拉下边缘受压）发生的截面，其上、下边缘分别有最大拉应力和最大压应力。

20.由两根16a号槽钢组成的外伸梁,梁上作用荷载如图4-20所示,已知 $l=6$m,钢材的许用应力 $[\sigma]=170$MPa,求梁所能承受的最大荷载 F_{max} 。(见主教材习题4-10)

解:第1步:画弯矩图,得到最大弯矩值:

$$|M_{max}|=\frac{Fl}{3}$$

第2步:计算抗弯截面模量 W_z 。

此题中梁由2根槽钢组合而成,计算时要注意抗弯截面模量的计算。

根据抗弯截面模量的定义:

$$W_z=\frac{I_z}{y_{max}}$$

则必须先计算截面对中性轴的惯性矩 I_z ,2根槽钢的惯性矩就是1根槽钢惯性矩的2倍。

查热轧型钢表(主教材附表2)中的槽钢16a,得到:1根16a槽钢的惯性矩 $I_z=I_x=866$cm^4,则2根槽钢的惯性矩就是 $2I_z$ 。

又因

$$y_{max}=\frac{h}{2}$$

查型钢表(主教材附表2)中的槽钢16a, $h=160$mm $=16$cm。

因此2根槽钢的抗弯截面模量为:

$$W_z=\frac{2I_z}{h/2}=\frac{4\times866}{16}(\text{cm}^3)$$

第3步:根据强度条件公式计算荷载的许可值。

$$\frac{M_{max}}{W_z}\leqslant[\sigma]$$

得到:

$$M_{max}\leqslant[\sigma]W_z$$

将 $M_{max}=\dfrac{Fl}{3}$ 和2根槽钢的抗弯截面模量代入,得到:

$$\frac{Fl}{3}\leqslant[\sigma]W_z$$

$$F\leqslant\frac{3}{l}[\sigma]W_z$$

得: $F\leqslant18.4$kN, 取 $F=18$kN。

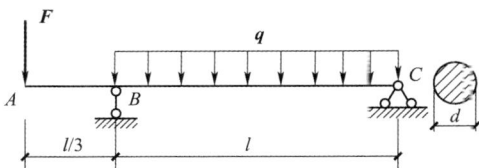

图　4-21

21.如图4-21所示圆形截面木梁承受图示荷载作用,已知 $l=3$m, $F=3$kN, $q=3$kN/m,弯曲时木材的许用应力 $[\sigma]=10$MPa,试选择梁的直径 d 。(见主教材习题4-11)

解:第1步:画弯矩图,得到最大弯矩值:

$$M_{max} = \frac{Fl}{3}$$

第 2 步：确定抗弯截面模量W_z圆形截面。

$$W_z = \frac{\pi d^3}{16}$$

第 3 步：根据强度条件公式计算截面的直径许可值。
因

$$\frac{M_{max}}{W_z} \leqslant [\sigma]$$

得出：

$$W_z \geqslant \frac{M_{max}}{[\sigma]}$$

将 $W_z = \frac{\pi d^3}{16}$代入，得到：

$$\frac{\pi d^3}{16} \geqslant \frac{M_{max}}{[\sigma]}$$

$$d \geqslant \sqrt[3]{\frac{16 M_{max}}{\pi [\sigma]}}$$

注意：根号内的单位统一问题，最后结果以毫米为单位，取整数。

22. 欲从直径为 d 的圆木中截取一矩形截面梁，如图 4-22 所示，试从强度角度求出矩形截面最合理的高、宽尺寸。（见主教材习题 4-12）

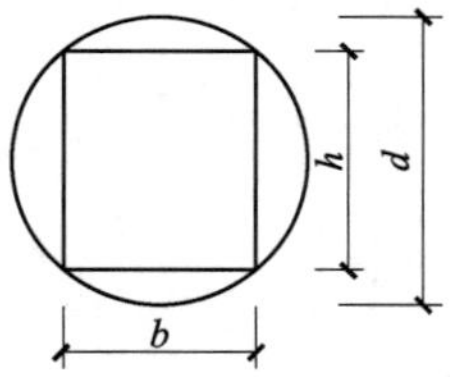

解：第 1 步：分析矩形截面弯曲强度条件中，为使弯曲强度最高，应使抗弯截面模量取最大值。由矩形截面的抗弯截面模量公式得到：

$$W_z = \frac{bh^2}{6}$$

第 2 步：分析圆截面直径 d 与矩形截面尺寸 b、h 间的几何关系。
按照勾股定理有：

$$d^2 = b^2 + h^2$$

图 4-22

得：

$$W_z = \frac{bh^2}{6} = \frac{b}{6}(d^2 - b^2)$$

第 3 步：计算W_z最大值，根据微分关系当$\frac{dW_z}{db} = 0$ 时，W_z有极大值，得到：

$$\frac{dW_z}{db} = \frac{1}{6}(d^2 - 3b^2) = 0$$

由此可得：

$$b = \frac{\sqrt{3}}{3}d, \quad h = \sqrt{d^2 - b^2} = \frac{\sqrt{6}}{3}d$$

23. 如图 4-23 所示，某 20a 工字形钢梁在跨中作用有集中力 F，已知 $l = 6m$，$F = 20kN$，试求梁横截面上的最大剪应力。（见主教材题 4-13）

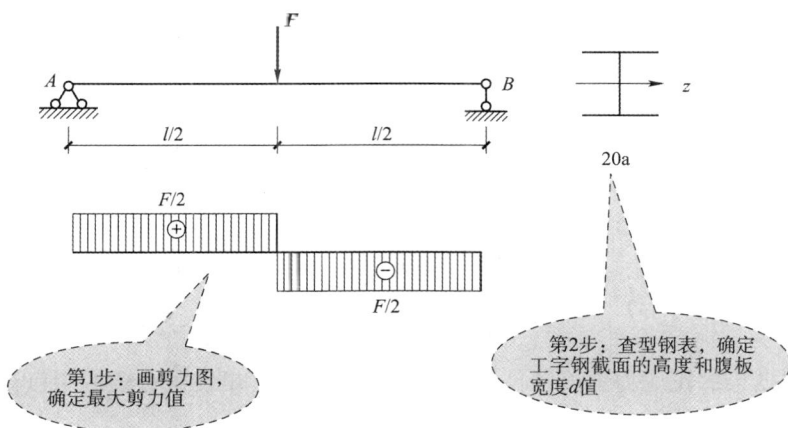

图 4-23

解:第 1 步:画梁的剪力图,确定最大剪力值。

$$Q_{max} = \frac{F}{2}$$

第 2 步:查主教材附录一中的附表 1,确定工字钢截面的高度 h 和腹板宽度 b。

查表工字钢 20a,得到: $h = 200mm$, $d = 7mm$。

第 3 步:计算最大剪应力。因为工字钢截面上的剪力 95%～97% 由腹板承担。因此,可用下式近似估算腹板中的最大剪应力。

$$\tau_{max} = \frac{Q_{max}}{hd} = \frac{F}{2hd} = \frac{20 \times 10^3}{2 \times 200 \times 7} = 7.14 (MPa)$$

结果说明梁弯曲变形时的剪应力很小,通常仅对弯曲正应力强度进行核算。

24. 简支工字形钢梁如图 4-24 所示,型号为 28a,承受图示荷载作用,已知 $l = 6m$, $F_1 = 60kN$, $F_2 = 40kN$, $q = 8kN/m$,钢材许用应力 $[\sigma] = 170MPa$, $[\tau] = 100MPa$,试校核梁的强度。(见主教材习题 4-14)

解:第 1 步:画梁的弯矩图和剪力图。确定最大弯矩值和最大剪力值。

$$M_{max} = 76.3kN \cdot m, \quad Q_{max} = 80.3kN$$

第 2 步:查主教材附录一中的附表 1 工字钢 28a,得:

$$W_x = 508cm^3, \quad h = 122mm, \quad d = 8.5mm$$

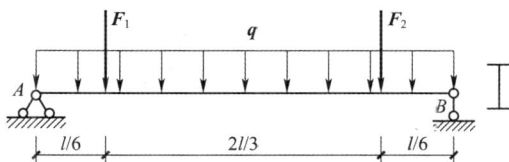

图 4-24

第 3 步:计算最大正应力和最大剪应力。

$$\sigma_{max} = \frac{M_{max}}{W_z} = \frac{76.3 \times 10^6}{508 \times 10^3} = 150.19 (MPa)$$

$$\tau_{max} = \frac{Q_{max}}{hd} = \frac{80.3 \times 10^3}{122 \times 8.5} = 77.43 (MPa)$$

第 4 步:分别校核正应力强度和剪应力强度。

$$\sigma_{max} = 150.19MPa < [\sigma] = 170MPa$$

$$\tau_{max} = 77.43MPa < [\tau] = 100MPa$$

梁的正应力强度和剪应力强度都满足要求。

25.如图 4-25 所示，简支工字形钢梁承受图示荷载作用，已知 $l = 6m$，$F = 20kN$，$q = 6kN/m$，钢材许用应力 $[\sigma] = 170MPa$，$[\tau] = 100MPa$，试选择工字钢的型号。（见主教材习题 4-15）

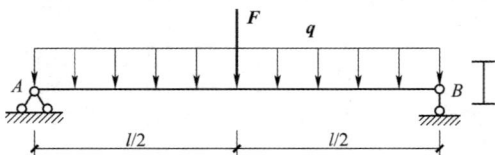

图　4-25

解：第 1 步：画梁的弯矩图和剪力图。确定最大弯矩值和最大剪力值。

$$M_{max} = \frac{Fl}{4} + \frac{ql^2}{8} = 57(kN \cdot m), \quad Q_{max} = \frac{F}{2} + \frac{ql}{2} = 28(kN)$$

第 2 步：根据梁的正应力强度条件计算 W_z。此题最大弯矩发生在梁的中点截面。

$$\frac{M_{max}}{W_z} \le [\sigma], \quad W_z \ge \frac{M_{max}}{[\sigma]} = \frac{57 \times 10^3}{170} = 335.29 \ (m^3)$$

第 3 步：查型钢表确定工字钢型号，查表得选定的工字钢几何尺寸 h、d。

查主教材附录一中的附表 1 工字钢确定型号，注意要满足强度条件要求，必须使 $W_x \ge W_z$。工字钢型号确定后，查表确定该型号工字钢的尺寸 h、d。

第 4 步：校核梁的剪应力强度。此题最大剪力发生在 A、B 支座处。

$$\tau_{max} = \frac{Q_{max}}{hd} \le [\tau]$$

注意：此类题一般是先根据梁的正应力强度选择工字钢型号，再校核剪应力强度。如果剪应力强度不满足要求，则将重新选定工字钢型号再核算，一直到剪应力强度满足要求为止。

26.图 4-26 所示受力结构中，AB 梁与 CD 梁所用材料相同，两梁的高度与宽度分别为 $h = 150mm$，$h_1 = 100mm$，$b = 100mm$，其他尺寸为 $l = 3.6m$，$a = 1.3m$，材料的许用应力 $[\sigma] = 10MPa$，$[\tau] = 2.2MPa$，试求该结构所能承受的最大荷载 F_{max}。（见主教材习题 4-16）

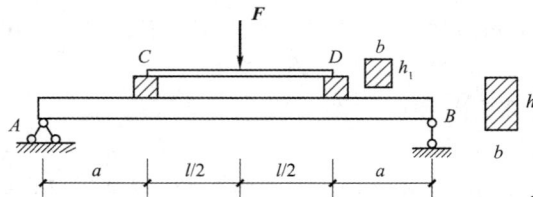

第1步：分别画出CD梁和AB梁的受力图

第2步：分别计算CD梁和AB梁的抗弯截面模量

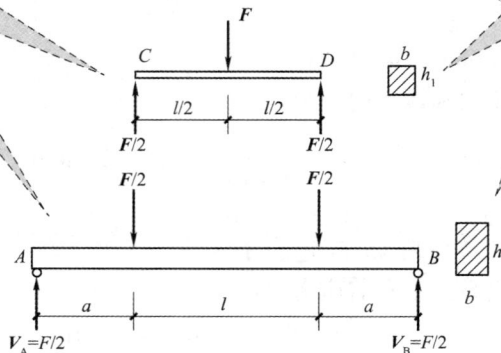

图　4-26

解:第1步:分别画出梁 CD 和梁 AB 的受力图。注意先画 CD 梁受力图,C、D 支座反力会反过来作用在 AB 梁上。

第2步:分别计算梁 CD 和梁 AB 的抗弯截面模量。注意 CD 梁的横截面尺寸是 $b \times h_1$,AB 梁的横截面尺寸是 $b \times h$。

第3步:根据强度条件公式分别计算 CD 梁和 AB 梁的 M_{max},确定 F_{max} 值。

$$M_{max} \leq [\sigma] W_z$$

第4步:根据 F_{max} 求出 CD 梁和 AB 梁的最大剪力 Q_{max} 后,分别校核 CD 梁和 AB 梁的弯曲剪应力强度。此题中按矩形截面的弯曲剪应力计算式计算并校核强度。

$$\tau_{max} = 1.5 \frac{Q_{max}}{A} \leq [\tau]$$

如剪应力不满足强度条件,重新确定 F_{max}。

四、自测题及答案

1. 填空题

(1)梁上没有均布荷载作用的部分,剪力图为_____线,弯矩图为_____线。

(2)梁上有均布荷载作用的部分,剪力图为_____线,弯矩图为_____线。

(3)已知如图 4-27 所示四种情况,其中截面上弯矩为负、剪力为正的是_____。

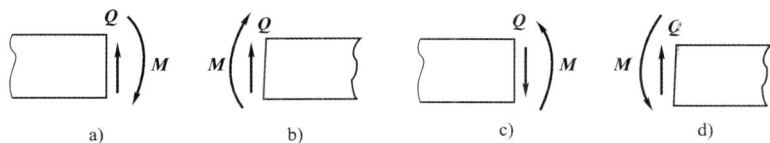

图　4-27

(4)简支梁承受总荷载相同,而分布情况不同的四种荷载情况如图 4-28 所示,在这些梁中,最大剪力 $Q_{max} =$ _____,发生在_____梁的_____截面处;最大弯矩 $M_{max} =$ _____,发生在_____梁的_____截面处。

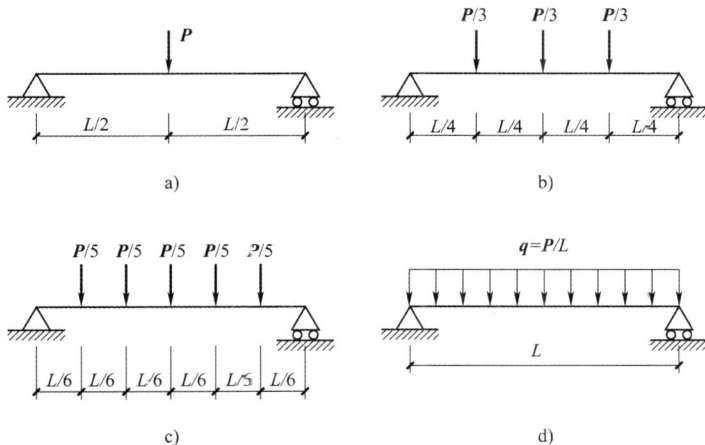

图　4-28

(5)梁的横截面上,离中性轴越远的点,其正应力越_____。

(6) $W_z = I_z / y_{max}$ 称为_____，它反映了截面的_____和_____对弯曲强度的影响，W_z 的值越大，梁中的最大正应力就越_____。

2. 判断题

(1)梁发生平面弯曲的必要条件是至少具有一纵向对称面，且外力作用在该对称平面内。（　　）

(2)在集中力作用下的悬臂梁，其最大弯矩必发生在固定端截面上。（　　）

(3)作用在梁上的顺时针方向转动的外力偶所产生的弯矩为正，反之为负。（　　）

(4)若梁在某一段内无均布荷载作用，则该段的弯矩图必定是一直线段。（　　）

(5)中性轴上的弯曲正应力总是为零。（　　）

(6)当荷载相同时，材料相同且截面形状和尺寸相同的两梁，其横截面上的正应力分布规律不相同。（　　）

3. 选择题

(1)梁在集中力作用的截面处，则(　　)。

　A.Q 图有突变，M 图光滑连续　　　　B.Q 图有突变，M 图有折角

　C.M 图有突变，Q 图光滑连续　　　　D.M 图有突变，Q 图有折角

(2)梁在集中力偶作用的截面处，则(　　)。

　A.Q 图有突变，M 图无变化　　　　B.Q 图有突变，M 图有折角

　C.M 图有突变，Q 图无变化　　　　D.M 图有突变，Q 图有折角

(3)梁在某截面处 $Q=0$，则该截面处弯矩有(　　)。

　A.极值　　　　B.最大值　　　　C.最小值　　　　D.有零值

(4)梁在某一段内作用向下的分布载荷时则在该段内 M 图是一条(　　)。

　A.下凸曲线　　　B.上凸曲线　　　C.斜直线　　　D.水平线

(5)梁拟用图 4-29 所示两种方式搁置，则两种情况下的最大应力之比 $\dfrac{(\sigma_{max})_a}{(\sigma_{max})_b}$ 为(　　)。

　A. 1/4　　　　B. 1/16　　　　C. 1/64　　　　D. 16

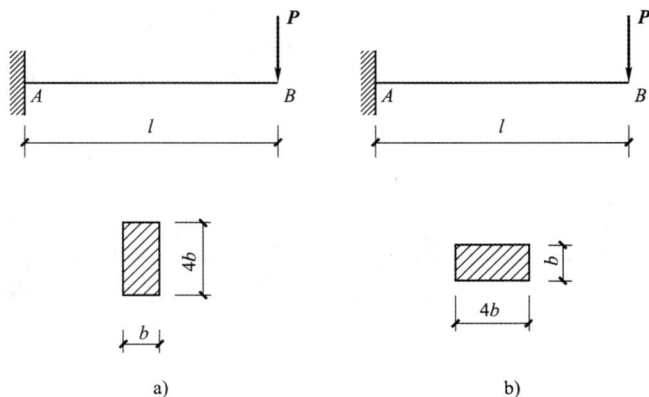

图　4-29

(6)对于相同横截面积,同一梁采用图 4-30 中的( )截面,其强度最高。

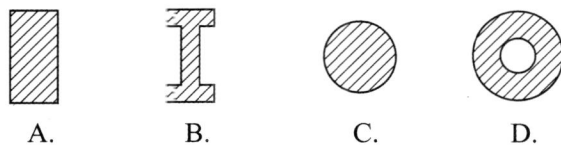

A.　　　B.　　　C.　　　D.

图 4-30

4.作图题

如图 4-31 所示,试用简捷法绘制梁的剪力图和弯矩图。

5.计算题

(1)已知:矩形外伸梁如图 4-32 所示。

试求:①梁的最大弯矩截面中 A 点的弯曲正应力。

②该截面的最大弯曲正应力。

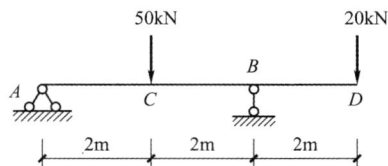

图 4-31

注:横截面尺寸单位为 mm。

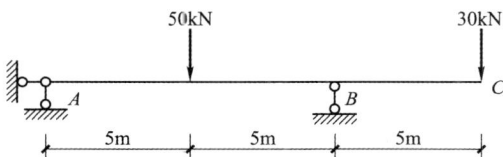

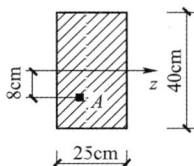

图 4-32

(2)如图 4-33 所示 20b 工字钢制成的外梁,已知 $L = 6\text{m}$,$P = 30\text{kN}$,$q = 6\text{kN/m}$,$[\sigma] = 160\text{MPa}$。梁的弯矩图如图 4-33 所示,试校核梁的强度。

提示:20b 工字钢,$I_z = 2\,500\text{cm}^4$。

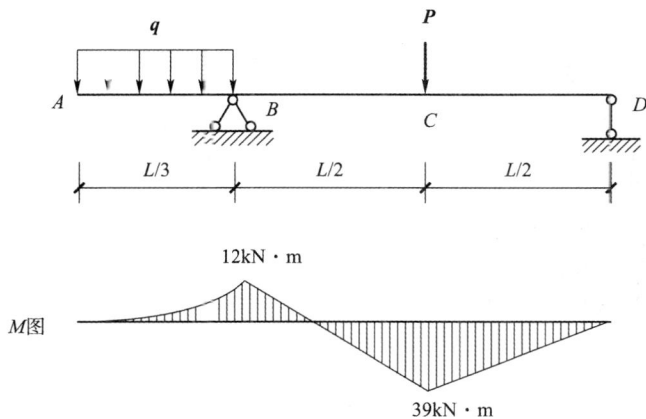

图 4-33

参考答案：

1. 填空题

（1）直线；斜直线

（2）斜直线；曲线

（3）d）

（4）$d/2$；a）、b）、c）、d）图的四根梁；支座；$PL/4$；a）图梁；中点

（5）大

（6）抗弯截面系数；形状；尺寸；小

2. 判断题

（1）√；　（2）√；　（3）×；　（4）√；　（5）√；　（6）×

3. 选择题

（1）B；　（2）C；　（3）B；　（4）A；　（5）A；　（6）B

4. 作图题

$M_A = 0$；　$M_C = 30$kN·m；　$M_B = -40$kN·m；　$M_D = 0$。（图略）

5. 计算题

（1）①$\sigma_A = 9$MPa；②$\sigma_{max} = 22.5$MPa

（2）$\sigma_{max} = 156$MPa $\leq [\sigma]$

五、阅读材料

桥梁施工中最佳吊点问题

桥梁施工中常见的混凝土梁起吊情况如图4-34所示。吊索通常与钢管相连接，钢管通过钢缆绳再将混凝土梁吊起。请根据吊索和梁的受力分析，对梁的内力与外力进行计算，分析最佳吊点问题。梁的计算简图如图4-35所示。

图 4-34

（1）假定混凝土梁上下截面配筋相同，从受力角度分析，a、b两个吊点在什么位置时，梁的受力最合理？请说明原因。

（2）如果梁下截面配筋比上截面多，a、b两吊点应向外还是向内移动对梁受力更合理？请说明原因。

分析如下：

（1）假设混凝土梁自身的均布荷载集度为q，梁的长度为l，当两吊点a、b对称布置在结构中心的两侧时，由于构件自身的重量，将使吊点处产生负弯矩（构件上缘受拉），跨中部分产生

正弯矩(构件下缘受拉),通过对称移动两吊点位置,就可使吊点处的负弯矩值与跨中的最大正弯矩值相等,这时构件配置的主筋数量最省。

绘制混凝土梁的受力图和弯矩图如图 4-36 所示。

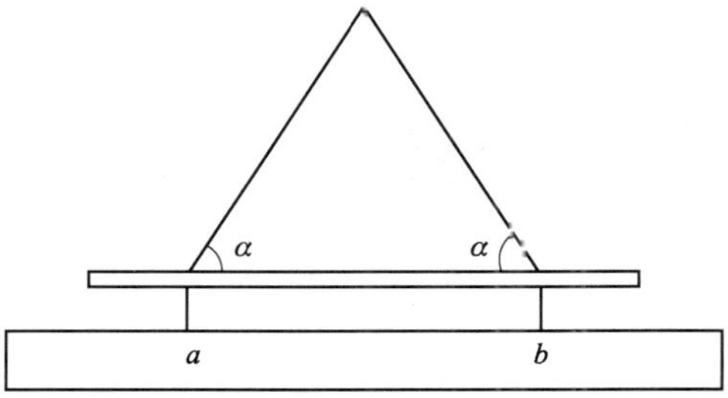

图 4-35

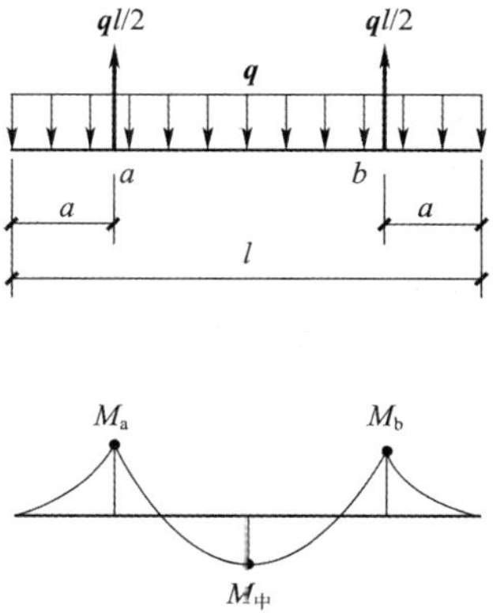

图 4-36

采用截面法计算,得到混凝土梁 a、b 两吊点处截面上的弯矩值为:

$$M_a = M_b = -\frac{qa^2}{2}（上边缘受拉）$$

混凝土梁跨中截面上的弯矩值为:

$$M_中 = \frac{ql^2}{8} - \frac{qla}{2}（下边缘受拉）$$

根据等强度理论,当吊点截面的负弯矩值与跨中截面的最大正弯矩值相等,即两吊点对称分布在构件中心的两侧时,梁的受力最为合理。

由此得到:

$$M_中 = M_a = M_b$$

$$\frac{ql^2}{8} - \frac{qla}{2} = \frac{qa^2}{2}$$

$$4a^2 + 4la - l^2 = 0$$

解得:

$$a = \frac{\sqrt{2}-1}{2}l = 0.207l$$

结论:当 a、b 两点距离梁端部为 0.207l 时,混凝土梁受力最为合理。此时,梁截面上的最大正弯矩与最大负弯矩大小相等。

(2)如果梁下截面配筋比上截面多,a、b 两吊点应向外移动对梁受力更合理。因为当吊点外移时,a 值减小,此时吊点的负弯矩减小,跨中正弯矩增大,因梁下截面配筋增多,抗拉强度得到提高。所以,a、b 两吊点外移对梁的受力更为合理。

课题五
SUBJECT FIVE
连接件与圆轴的强度问题分析

一、学习目标

（1）能够确定连接件的剪切面和挤压面。

（2）会计算外力偶矩及圆轴横截面上的内力——扭矩并绘制扭矩图。

（3）能对连接件与受扭圆轴进行强度计算。

二、重难点与学习建议

1. 重难点

（1）剪切变形的特征是截面间发生相对错动。剪切时，剪切面上的内力为剪力，相应的应力为剪应力，连接件的剪切强度计算采用实用计算方法。

（2）连接件（如铆钉、螺栓等）的强度包括剪切强度和挤压强度。在进行强度计算时，关键在于正确地进行受力分析，明确剪切面和挤压面及相应面上的剪力和挤压力。

（3）剪切胡克定律和剪应力互等定理都是变形体力学中的重要定律和定理，应能正确理解它们的含义。对于剪切胡克定律，应该明确只在弹性范围内才成立。

（4）扭转变形的特征是截面间发生绕轴线的相对转动。圆轴扭转时，横截面上的内力为扭矩，求扭矩的基本方法仍为截面法。扭矩的正负号用右手法则来确定。

（5）圆轴扭转时，横截面上只产生剪应力。剪应力沿半径呈直线规律分布，各点剪应力的方向均垂直于半径。推导剪应力公式时，综合运用了几何、物理和静力学三个方面的知识，这种方法是变形体力学中研究应力的一般方法。

应用圆轴扭转时的强度条件，可以解决强度计算中的三类典型问题，即校核强度、选择截面直径和求许用荷载。

2. 学习建议

结合基本概念，探究生活中合页、螺栓等构件的受力状态、剪切面和挤压面，再进行连接件强度计算的学习。

三、习题解析

1. 指出图 5-1 中连接件接头中的剪切面与挤压面。(见主教材复习思考题 5-3)

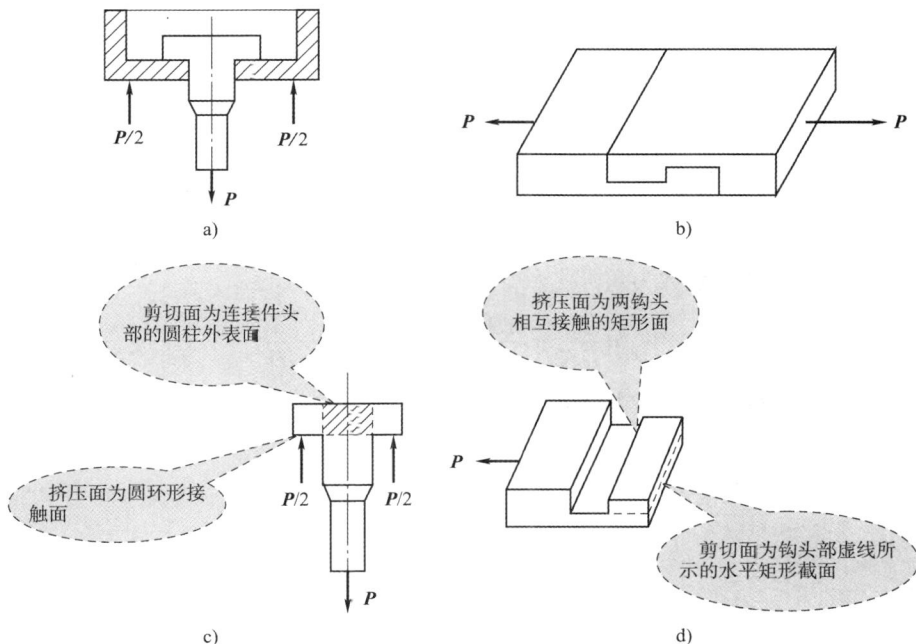

图 5-1

解:剪切面与挤压面如图 5-1c)、d)所示。

2. 圆轴直径增大 1 倍,其他条件均不变,那么最大剪应力将如何变化? (见主教材复习思考题 5-5)

解:圆轴直径为 d 时,横截面上的最大剪应力为:

$$\tau_{max} = \frac{T}{W_\rho}; \quad W_\rho = \frac{\pi d^3}{16}$$

当直径为 $2d$ 时,横截面上的最大剪应力为:

$$\tau_{max} = \frac{T}{W_\rho}; \quad W_\rho = \frac{\pi (2d)^3}{16} = \frac{\pi \cdot 8d^3}{16}$$

由此可知:当圆轴直径增大 1 倍时,最大剪应力将增大至原来的 8 倍。

3. 直径 D 和长度 L 都相同,材料不同的两根轴,在相同扭矩 T 作用下,它们的最大剪应力 τ_{max} 是否相同? 为什么? (见主教材复习思考题 5-6)

解:相同。因为最大剪应力只与外力偶大小和截面尺寸有关,与材料的性质无关。

4. 已知空心圆轴的外径为 D,内径为 d,圆轴的极惯性矩和抗扭截面系数是否可按下式计算? 为什么? (见主教材复习思考题 5-7)

$$I_\rho = \frac{\pi}{32}(D - d)^4$$

$$W_\rho = \frac{\pi}{16}(D^3 - d^3)$$

解：不能。根据极惯性矩的定义可知外圆的极惯性矩为：

$$I_\rho = \frac{\pi D^4}{32}$$

内孔的极惯性矩为：

$$I_\rho = \frac{\pi d^4}{32}$$

因此，空心圆轴的极惯性矩为：

$$I_\rho = \frac{\pi D^4}{32} - \frac{\pi d^4}{32} = \frac{\pi}{32}(D^4 - d^4)$$

空心圆轴的抗扭截面系数为：

$$W_\rho = \frac{I_\rho}{D/2} = \frac{\pi D^3}{16}(1 - \alpha^4); \quad \alpha = \frac{d}{D}$$

5. 如图 5-2 所示两块厚度为 10mm 的钢板，用两个直径为 17mm 的铆钉搭接在一起，钢板受拉力 $P = 60$kN，已知 $[\tau] = 140$MPa，$[\sigma_c] = 280$MPa，假定每个铆钉受力相等，试校核铆钉的强度。（见主教材习题 5-1）

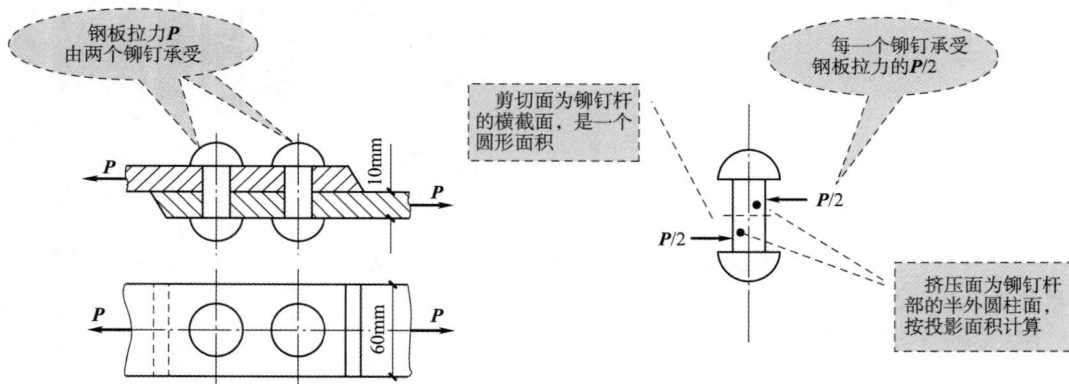

图 5-2

解：铆钉的强度分为剪切强度和挤压强度。

第 1 步：一块钢板所承受的拉力 P 由两个铆钉承担，每个铆钉所受的横向力为 $P/2$。

第 2 步：分析铆钉的剪切面积和挤压面积。

剪切面是与外力作用线平行的横截面，是一个圆面积：

$$A = \frac{\pi \times 17^2}{4}(\text{mm}^2)$$

挤压面是与外力垂直的钢板和铆钉相互接触面，是一个半圆柱面，按照计算挤压面积（正投影面积）计算：

$$A_c = 10 \times 17(\text{mm}^2)$$

第 3 步：铆钉剪切强度校核。

每个铆钉剪力：

$$Q = \frac{P}{2} = 30(\text{kN})$$

根据剪切强度条件，得：

$$\tau = \frac{Q}{A} = \frac{30 \times 10^3}{\frac{\tau}{4} \times 17^2} = 132.2(\text{MPa}) < [\tau]$$

所以铆钉的剪切强度满足要求。

第 4 步：铆钉挤压强度校核。

每个铆钉所受挤压力为：

$$P_c = \frac{P}{2} = 30(\text{kN})$$

挤压面按照实用挤压面计算：

$$\sigma_c = \frac{P_c}{A_c} = \frac{30 \times 10^3}{170} = 176.5(\text{MPa}) < [\sigma_c]$$

挤压强度满足要求。

因此，铆钉强度是安全的。

6. 如图 5-3 所示铆接钢板的厚度 $\delta = 10\text{mm}$，铆钉直径 $d = 20\text{mm}$，铆钉的许用剪应力 $[\tau] = 140\text{MPa}$，许用挤压应力 $[\sigma_c] = 320\text{MPa}$，承受荷载 $P = 30\text{kN}$，试作强度校核。（见主教材习题 5-2）

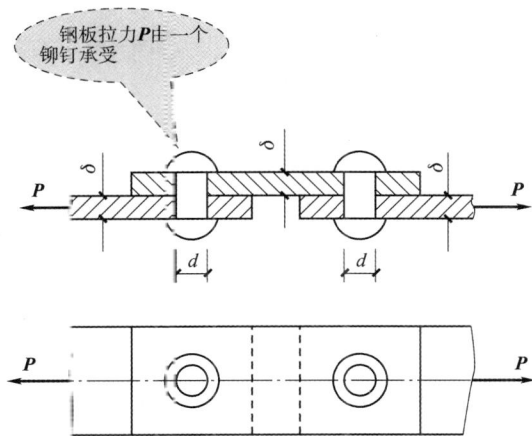

图 5-3

解：第 1 步：铆钉受力分析。

两块钢板通过两个铆钉和一块短钢板连接成一个整体，从图 5-3 中可以看出：

每个铆钉所受的剪力：

$$Q = P = 30\text{kN}$$

每个铆钉受到的挤压力：

$$P_c = P = 30\text{kN}$$

第 2 步：分析剪切面积和挤压面积。

剪切面为横截面，其面积为圆形面积。

挤压面是半圆柱面,其面积按计算面积算(半圆柱体的正投影面积)。

第3步:剪切强度校核。

$$\tau = \frac{Q}{A} = \frac{30 \times 10^3}{\frac{\pi}{4} \times 20^2} = 95.5(\text{MPa}) < [\tau]$$

剪切强度满足要求。

第4步:挤压强度校核。

A_c 为实用挤压面。

$$\sigma_c = \frac{P_c}{A_c} = \frac{P_c}{dt} = \frac{30 \times 10^3}{20 \times 10} = 150(\text{MPa}) < [\sigma_c]$$

挤压满足强度要求。

因此,铆钉的强度安全。

7. 求图5-4中圆轴指定截面上的扭矩,并画出扭矩图。（见主教材习题5-3）

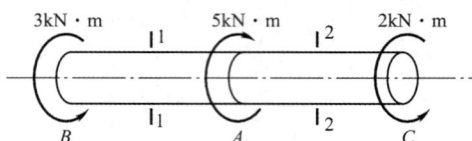

图　5-4

解:第1步:分段。按外力偶作用面分为 BA、BC 两段。

第2步:应用截面法求每一段中 1-1、2-2 截面上的扭矩。

$$T_1 = -3\text{kN} \cdot \text{m}; \quad T_2 = 2\text{kN} \cdot \text{m}$$

第3步:画扭矩图,如图5-5所示。

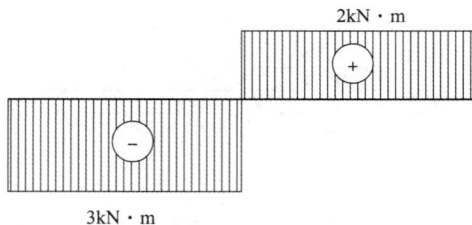

图　5-5

8. 如图5-6所示一实心圆轴,直径 $d = 100\text{mm}$,其两端作用外力偶矩为 $M_e = 4\text{kN} \cdot \text{m}$。试求:
(1)图示截面 A、B、C 三点处的剪应力数值和方向;(2)最大剪应力 $\tau_{\max}$。（见主教材习题5-4）

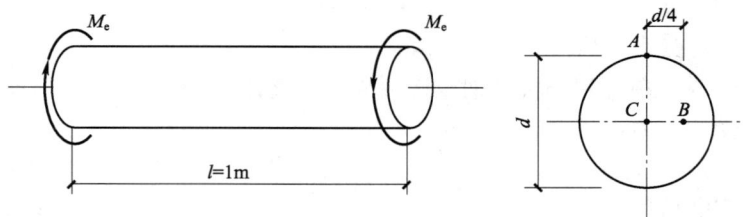

图　5-6

解:第1步:计算圆轴横截面上的扭矩。

由题意可知:

$$T = M_e = 4 \text{kN} \cdot \text{m}$$

第2步:计算圆轴横截面的极惯性矩。

$$I_p = \frac{\pi}{32} d^4 = 10 \times 10^7 (\text{mm}^4)$$

第3步:计算横截面上指定点的扭转剪应力。

根据圆轴扭转时横截面上任一点的剪应力公式分别计算。

$$\tau_p = \frac{T\rho}{I_p}$$

注意 A、B、C 三点到圆心的距离不同。

A 点到圆心的距离为:

$$\rho_A = \frac{d}{2} = 50 (\text{mm})$$

得 A 点剪应力:

$$\tau_A = \frac{T\rho_A}{I_p} = \frac{4 \times 10^3 \times 50}{1 \times 10^7} = 20 (\text{MPa})$$

B 点到圆心的距离为:

$$\rho_A = \frac{d}{4} = 25 (\text{mm})$$

得 B 点剪应力:

$$\tau_B = \frac{T\rho_A}{I_p} = \frac{4 \times 10^3 \times 25}{1 \times 10^7} = 10 (\text{MPa})$$

C 点到圆心的距离为零,$\tau_C = 0$。

第4步:确定圆轴横截面上的最大剪应力。

$$\tau_{\text{nax}} = \tau_A = 20 (\text{MPa})$$

9. 一钢质空心轴,受 $M_e = 6\,000 \text{N} \cdot \text{m}$ 的外力偶矩作用,许用剪应力 $[\tau] = 70 \text{MPa}$,若内外直径比 $\alpha = \frac{d}{D} = \frac{2}{3}$,试求轴的直径。(见主教材习题5-5)

解:空心轴的抗扭矩截面系数为:

$$W_P = \frac{\pi D^3}{32}(1 - \alpha^4), \quad \alpha = \frac{d}{D}$$

代入强度条件:

$$W_P \geq \frac{T_{\text{max}}}{[\tau]}$$

得:

$$\frac{\pi}{16} D^3 \left[1 - \left(\frac{2}{3}\right)^4 \right] \geq \frac{6\,000}{70 \times 10^6}$$

则有:

$$D = 82 \text{mm}, \quad d = 54 \text{mm}$$

四、自测题及答案

1. 填空题

(1)杆件受到大小相等、方向相反、作用线相距很近的横向力作用时,在两力之间的截面将发生相对错动,这种变形称为_____变形。

(2)连接件在发生剪切变形的同时,常伴随发生_____变形。

(3)空心圆轴的外径为 D,内径为 d, $\alpha = d/D$。其抗扭截面系数 $W_\rho = $ _____。

(4)圆轴扭转时,其横截面上的剪应力与半径_____,在同一半径的圆周上,各点的剪应力_____,轴线上的剪应力为_____,外圆周上各点剪应力_____。

2.选择题

(1)榫接件如图5-7所示,两端受拉力 P 作用,已知尺寸如图示,则连接件的挤压面积为( )。

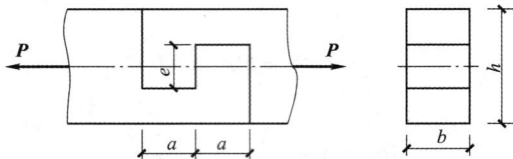

图 5-7

A. bh　　　　　　B. ab　　　　　　C. be　　　　　　D. ae

(2)圆轴受扭转后,其横截面上任一点的剪应力 τ_ρ 为( )。

A. $\dfrac{T}{GI_\rho}$　　　　B. $\dfrac{Tl}{GI_\rho}$　　　　C. $\dfrac{T\rho}{I_z}$　　　　D. $\dfrac{T\rho}{I_\rho}$

参考答案:

1.填空题

(1)剪切

(2)挤压

(3)$\dfrac{\pi D^3}{16}(1-\alpha^4)$

(4)垂直;相同;零;最大

2.选择题

(1)C;　(2)D

五、阅读材料

泰坦尼克沉没的真相——一颗铆钉害千人

1.世界航海史上最大的海难事故

20世纪初,英国建造的世界上最大的豪华邮轮"泰坦尼克号"在首航美国的途中不幸被漂浮的冰山撞沉,造成1 513人死亡(图5-8)。这是世界航海史上最大的海难事故。

2.泰坦尼克号被撞沉的原因

由大型金属钢板结构材料组装成的巨型客轮,号称"永不沉没的海上堡垒",怎么会被一座漂浮的冰山撞沉。要知道,当时英国是世界上造船工业和炼钢工业最发达的国家。"泰坦尼克号"所用的钢板厚度达到1in(1in = 0.025 4m)以上,怎么会被冰山撞沉呢?我们可以在冬天做以下实验,先把一块1cm厚的钢板靠在墙上,然后用一桶水冻成冰块,用力砸向钢板,看结果会怎样。一定是冰块"粉身碎骨",而钢板"岿然不动"。

a)1912年4月15日泰坦尼克号驶离英国开普敦港

b)Titanic首航时的宣传资料

图 5-8

近百年来,科学家只能从生还者的只言片语中,以及借鉴某些金属结构材料的断裂事故来推测泰坦尼克号邮轮沉没的原因。因为泰坦尼克号沉没在4 500m深的大西洋海底,直到20世纪70年代,还没有任何技术装备能潜入这样深的海底一探究竟。

难道是偷工减料埋下的祸根?美国国家技术监督局的几位科学家利用显微镜和图像分析仪,对泰坦尼克号残骸进行研究时发现,制造铆钉使用的钢铁质地极其不纯,其中的矿渣含量竟然超过了标准钢材的2倍。根据冶金学理论,这种过量的不纯物质使得铆钉在剧烈的撞击过程中很容易发生断裂。

也就是说,这场灾难的真正原因是金属铆钉材料质量不合格,使用劣质铆钉"缝合"的船体,钢板结构被冰山撞击后受压导致钢板变形,拉断铆钉形成裂口,海水涌入船舱使轮船沉没。

3. 科学的推论要用实验来证明

没有实验证明的结论不能令人信服,也是不符合科学研究规律的。

终于在20世纪80年代,美法科学家乘坐法国科学考察船"天底号"到达沉船海面,科学家乘坐深海探险潜艇"鹦鹉螺号"潜入海下5~6km的深海进行探索和调查工作(图5-9)。艇上带有手提箱大小被称作"罗宾汉"的水下机器人,它有摄像机和机械手,可以进入船体内部进行摄像和搜索。

1995年,当这种深海潜艇潜入4 500m深的海底后,终于发现了分解成两半的泰坦尼克号残骸,它的摄像机不仅拍下了船体残骸的影像资料,而且还打捞出一批珍贵的历史文物,引起极大的轰动。更重要的是,深海潜艇强大又灵巧的机械手,还打捞出一块约200m² 大小的船壳钢板及上面的48颗铆钉(图5-10)。通过对这些材料进行检验,人们终于解开了泰坦尼克号沉没之谜。

4. 泰坦尼克沉没元凶——劣质铆钉

从20世纪初到第二次世界大战时,轮船和军舰的船体都是靠金属铆钉把一块块的钢板铆接起来组装而成的。那时的桥梁和大型金属储罐也都是用铆钉铆接起来的。中华人民共和国成立后建造的第一座长江大桥——南京长江大桥就是用铆钉铆接起来的（图5-11）。因而铆钉质量的好坏对金属结构件的牢固度起着十分关键的作用。

图 5-9 "鹦鹉螺号"潜艇深入海中探索

图 5-10 一块布满铆钉的船壳刚板

图 5-11 南京长江大桥

这就好像裁缝师傅做高级服装，除了要选用优质布料外，缝纫线的质量也十分重要。连接衣料的每一个线头就好比是一个个铆钉，无论布料多么优质，如果缝纫线是劣质的，做成的衣服只要用力一拉，线头就会断裂。

同样的道理，靠千千万万颗铆钉把巨大的钢板铆接起来形成的巨轮（图5-12），除了要保证钢板质量外，铆钉质量也同样重要。

a)泰坦尼克号钢板是铆钉铆接的

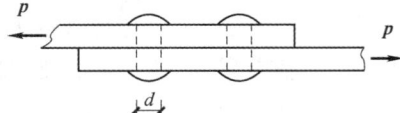

b)泰坦尼克号船身全是靠铆钉铆接起来

图 5-12

在 1995 年的美法联合探险中,科学家们把打捞出来的泰坦尼克号的钢板和铆钉送到美国的材料科学实验室去进行分析检验。首先,把船板切割成标准试样,进行各种力学性能测试,然后用电子显微镜观察材料的内部组织结构,结果发现,泰坦尼克号使用的外壳钢板,其质量几乎和现代造船用的钢板一样好,各项技术性能指标十分优良,同时,电镜分析也未能找到多余的硫和磷等有害元素形成的非金属夹杂物。科学家评价:"像这样优良的船板根本不可能被冰山撞裂!"

接着,科学家们又对打捞到的 48 颗铆钉(图 5-13)逐一进行分析和检测,结果令人大吃一惊!原来在这些铆钉内部竟含有大量的磷和硫甚至碳的非金属氧化夹杂物,使铆钉的强度大大降低。从材料科学理论来说,这些铆钉根本称不上合格的金属结构材料。

通过计算机模拟实验,科学家们终于证实了,这种劣质铆钉就是导致船体发生破坏断裂的元凶。最后,科学家们达成的一致意见是:当泰坦尼克号的船长得知冰山向轮船漂来时,想停船和倒退都来不及了,巨大

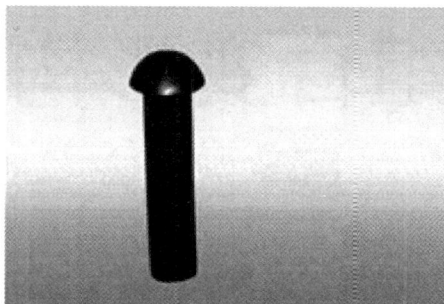

图 5-13 泰坦尼克号用的铆钉

的惯性使轮船继续向着冰山方向前进,于是船长命令轮船转向,可是这也太晚了,庞大的冰山与轮船侧面相撞,船板受到巨大的压力,而用来固定船板的劣质铆钉,由于强度极差纷纷断裂。随着冰山沿着轮船侧面划过,用铆钉"缝合"的钢板结构受压变形,形成几条从前到后的大口子,海水涌进船舱和机房,最终导致泰坦尼克号沉没。

材料来源:节选自中国科学院网络化科学传播平台

课题六
SUBJECT SIX

组合变形构件的强度分析

一、学习目标

（1）能够对斜弯曲梁进行应力分析和强度计算。

（2）能够对偏心压缩杆件进行应力分析和强度计算。

二、重难点与学习建议

1. 重难点

（1）组合变形的应力计算仍采用叠加法。分析组合变形构件强度问题的关键在于：对任意作用的外力进行分解或简化，只要能将组成组合变形的几个基本变形找出，便可应用我们所熟知的基本变形计算知识来解决问题。

斜弯曲——分解为两个平面弯曲。

拉（压）-弯曲组合变形——分解为轴向拉伸（压缩）与平面弯曲。

弯扭组合变形——分解为平面弯曲与扭转。

偏心拉伸（压缩）——分解为轴向拉伸（压缩）与一个或两个平面弯曲。

（2）组合变形杆件强度计算的一般步骤。

①外力分析：将作用于构件上的外力向截面形心处简化，使其产生几种基本变形形式。

②内力分析：分析构件在每一种基本变形时的内力，从而确定出危险截面的位置。

③应力分析：根据内力的大小和方向找出危险截面上的应力分布规律，确定出危险点的位置并计算其应力。

④强度计算：根据危险点的应力进行强度计算。

（3）主要公式。

①斜弯曲。

应力公式：

$$\begin{array}{c}\sigma_{\max} \\ \sigma_{\min}\end{array} = \pm\frac{M_z}{W_z}\pm\frac{M_y}{W_y}$$

强度条件：

$$\sigma_{\max} = \frac{M_z}{W_z} + \frac{M_y}{W_y} \leqslant [\sigma]$$

②单向偏心压缩。

应力公式：

$$\frac{\sigma_{\max}}{\sigma_{\min}} = -\frac{P}{A} \pm \frac{M_z}{W_z}$$

强度条件：

$$\sigma_{\max} = -\frac{P}{A} + \frac{M_z}{W_z} \leqslant [\sigma_l]$$

$$\sigma_{\min} = -\frac{P}{A} - \frac{M_z}{W_z} \leqslant [\sigma_y]$$

(4)偏心压缩的杆件,若外力作用在截面形心附近的某一个区域内,杆件整个横截面上只有压应力而无拉应力,则截面上的这个区域称为截面核心。截面核心是工程中很有用的概念,应学会确定工程实际中常见简单图形的截面核心。

2.学习建议

运用叠加法原理,理清组合变形结构受力状态的分解思路,再完成对内力、应力、位移等量值的组合叠加。

三、习题解析

1.矩形截面的悬臂梁承受荷载如图 6-1 所示。已知材料的许用应力 $[\sigma] = 10\text{MPa}$,弹性模量 $E = 10^4\text{MPa}$。试设计矩形截面的尺寸 b 和 $h\left(\text{设}\frac{h}{b} = 2\right)$。(见主教材习题6-1)

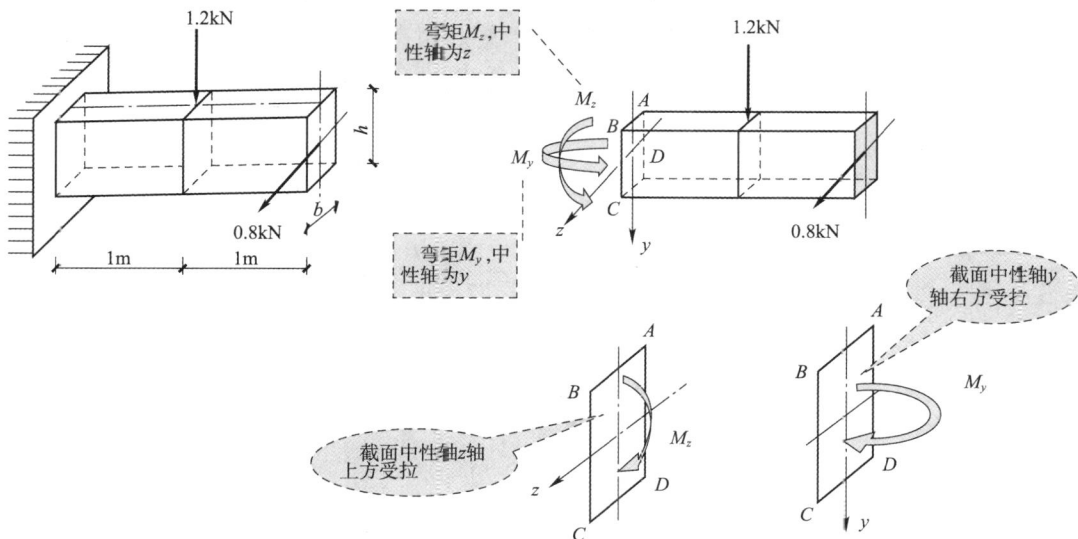

图 6-1

解:第1步:外力分析。悬臂梁在竖向力 1.2kN 和水平力 0.8kN 的共同作用下,将产生斜弯曲。

第2步:内力分析。最大弯矩发生在固定端支座处。竖向力 1.2kN 作用时产生的弯矩为 M_z,水平力 0.8kN 作用时产生的弯矩为 M_y,则

$$M_z = 1.2 \times 1 = 1.2(\text{kN} \cdot \text{m})$$
$$M_y = 0.8 \times 2 = 1.6(\text{kN} \cdot \text{m})$$

第3步:计算抗弯截面系数。

中性轴为 z 时:

$$W_z = \frac{bh^2}{6} = \frac{h^3}{12}$$

中性轴为 y 时:

$$W_y = \frac{hb^2}{6} = \frac{h^3}{24}$$

第4步:根据斜弯曲强度条件,计算截面尺寸。

$$\frac{M_z}{W_z} + \frac{M_y}{W_y} \leq [\sigma]$$

得:

$$\frac{1.2 \times 10^3}{\frac{h^3}{12}} + \frac{1.6 \times 10^3}{\frac{h^3}{24}} \leq 10$$

$$h \geq \sqrt[3]{(12 \times 1.2 + 24 \times 1.6) \times 10^2} = 17.4(\text{mm})$$

因此,截面尺寸取整数为 $h = 18\text{mm}$, $b = 9\text{mm}$。

2. 简支于屋架上的檩条承受均布荷载 $q = 14\text{kN/m}$,如图6-2所示。檩条跨长 $l = 4\text{m}$,采用工字钢制造,其许用应力 $[\sigma] = 160\text{MPa}$。试选择工字钢型号。(见主教材习题6-3)

解:第1步:分解荷载。

$$q_y = q\cos 30° = 12(\text{kN/m})$$
$$q_z = q\sin 30° = 7(\text{kN/m})$$

第2步:确定最大弯矩。简支梁中点产生的最大弯矩分别是:

$$M_y = \frac{1}{8}q_y l^2 = 24(\text{kN} \cdot \text{m})$$

$$M_z = \frac{1}{8}q_z l^2 = 14(\text{kN} \cdot \text{m})$$

第3步:根据强度条件确定工字钢型号。

$$\sigma_{\max} = \frac{M_z}{W_z} + \frac{M_y}{W_y} \leq [\sigma]$$

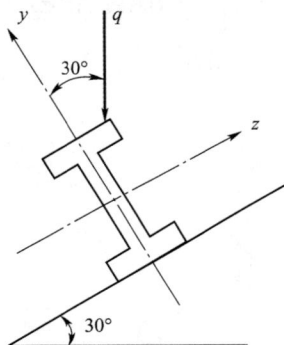

图 6-2

假设:

$$\frac{W_z}{W_y} = 10$$

$$W_z = 1\,025\text{cm}^3$$

$$\sigma_{\max} = \frac{24 \times 10^3}{1\,096 \times 10^{-6}} + \frac{14 \times 10^3}{93.2 \times 10^{-6}} = 172(\text{MPa}) > [\sigma]$$

查《热轧型钢》(GB/T 706—2016)(主教材附表1),选择工字钢型号取大2号:40c。

根据工字钢型号,查表得:

$$W_z = 1\,190\text{cm}^3, \quad W_y = 99.6\text{cm}^3$$

$$\sigma_{max} = \frac{24 \times 10^3}{1\ 190 \times 10^{-5}} + \frac{14 \times 10^3}{99.6 \times 10^{-6}} = 160.7\,(\text{MPa}) < [\sigma]$$

因此,选择40c的工字钢。

3. 如图6-3所示,某水塔盛满水时连同基础总重力为 $G = 2\ 000\text{kN}$,在离地面 $H = 15\text{m}$ 处受水平风力的合力 $P = 60\text{kN}$ 的作用。圆形基础的直径 $d = 6\text{m}$,埋置深度 $h = 3\text{m}$,地基为红黏土,其承载应力容许值为 $[\sigma_y] = 0.15\text{MPa}$。试求:(1)绘制基础底面的正应力分布图;(2)校核基础底部地基土的强度。(见主教材习题6-4)

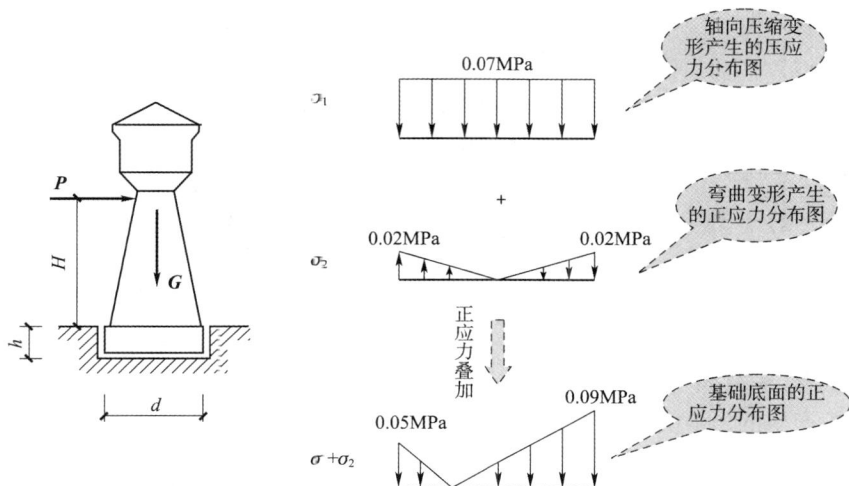

图 6-3

解:第1步:受力变形分析。横向力 P 使水塔倾斜产生弯曲变形,重力 G 是轴向压力,该水塔属于压弯组合变形。

第2步:计算轴向压缩产生的压应力。

$$\sigma_1 = \frac{N}{A} = \frac{2\ 000 \times 10^3}{\frac{\pi}{4} \times 6^2} = 0.07\,(\text{MPa})$$

第3步:计算弯曲变形产生的弯曲正应力(左侧受拉,右侧受压)。

最大弯矩 M_{max} 发生在水塔底部:

$$M_{max} = P(H + h) = 60 \times (15 + 3) = 1\ 080\,(\text{kN} \cdot \text{m})$$

$$\sigma_2 = \frac{M_{max}}{W_z} = \frac{1\ 080 \times 10^3}{\frac{\pi}{32} \times 6^3} = 0.05\,(\text{MPa})$$

第4步:校核基础底部地基土强度。

基础底部的最大压应力为:

$$\sigma_{max} = \sigma_1 + \sigma_2 = 0.12\,(\text{MPa}) < [\sigma_y]$$

综上所述,水塔的基础是安全的。

第5步:绘制基础底部的正应力分布图,见图6-3。

4. 如图 6-4 所示，砖砌烟囱高 $H = 30\text{m}$，底截面 1-1 的外径 $d_1 = 3\text{m}$，内径 $d_2 = 2\text{m}$，自重 $G_1 = 2\,000\text{kN}$，受 $q = 1\text{kN/m}$ 的风力作用。试求：（1）烟囱底截面上的最大压应力；（2）若烟囱的基础埋深 $h = 4\text{m}$，基础及填土自重按 $G_2 = 1\,000\text{kN}$ 计算，地基土的许用压应力 $[\sigma_y] = 0.3\text{MPa}$，求圆形基础的直径 D。（见主教材习题 6-5）

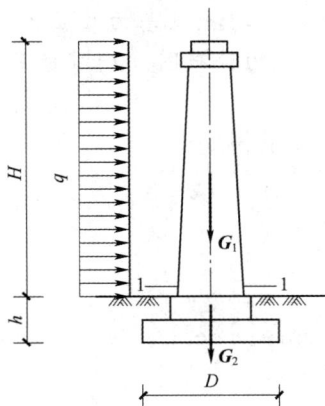

图 6-4

注意：计算风力时，可略去烟囱直径的变化，把它看作是等截面的。

解：第 1 步：受力变形分析。因为烟囱受重力作用产生轴向压缩变形，左侧受到风力作用产生弯曲变形，所以烟囱属于压弯组合变形。

第 2 步：计算轴向压力和最大弯矩。

基础受到的轴向压力为：

$$N = G_1 + G_2 = 3\,000(\text{kN})$$

受到风力作用在基础产生的最大弯矩为：

$$M_{max} = \frac{qH^2}{2} = \frac{1 \times 30^2}{2} = 450(\text{kN} \cdot \text{m})$$

第 3 步：计算烟囱底截面 1-1 上的最大压应力。根据烟囱属于压弯组合变形，底截面上的应力是两种变形叠加的结果。

轴向压缩产生的压应力为：

$$\sigma_1 = -\frac{N}{A} = -\frac{2\,000 \times 10^3}{\frac{\pi}{4}(d_1^2 - d_2^2)} = -0.5(\text{MPa})(\text{压应力})$$

弯曲变形产生的弯曲正应力为：

$$\sigma_2 = \pm\frac{M}{W_2} = \pm\frac{\frac{1}{2} \times 1 \times 30^2 \times 10^3}{\frac{\pi}{32}d_1^3\left[1 - \left(\frac{2}{3}\right)^4\right]} = \pm 0.2(\text{MPa})$$

则底面的最大压应力为：

$$\sigma_{max} = 0.7\text{MPa}$$

第 4 步：根据压弯组合变形强度条件，确定圆形基础的直径 D。

基础受到的轴向压力为：

$$N = G_1 + G_2 = 3\,000\text{kN}$$

受到风力作用在基础产生的弯矩为：

$$M_{max} = \frac{q(H+h)^2}{2} = \frac{1 \times (30+4)^2}{2} = 578(\text{kN} \cdot \text{m})$$

根据压弯组合变形的强度条件：

$$\sigma_1 + \sigma_2 = -\frac{N}{A} \pm \frac{M_{max}}{W_z} \leqslant [\sigma_y]$$

则基础的最大压应力为：

$$\sigma_{ymax} = -\frac{N}{A} - \frac{M_{max}}{W_z} \leqslant [\sigma_y]$$

$$\frac{N}{\frac{\pi}{4}D^2} + \frac{M_{max}}{\frac{\pi}{32}D^3} \leqslant \left[\sigma_y\right]$$

解得：$D \geqslant 4.17\text{m}$

因此，选择基础直径为 4 5m。

四、自测题及答案

1. 判断题

(1) 杆件在受外力作用时，同时产生两种或两种以上的基本变形，称之为组合变形。
（   ）

(2) 当外力的作用线通过截面形心时，梁只发生平面弯曲。（   ）

(3) 当外力不通过弯曲中心时，梁发生斜弯曲，还发生扭转变形。（   ）

(4) 工程中将偏心压力控制在受压杆件的截面核心范围内，是为了使其截面上只有拉应力，而无压应力。（   ）

2. 选择题

(1) 若一短柱的压力与轴线平行但并不与轴线重合，则产生的是（   ）变形。

    A. 压缩   B. 压缩与平面弯曲的组合

    C. 斜弯曲   D. 挤压

(2) 组合变形主要遵循并反映了（   ）原理/定理。

    A. 达朗贝尔   B. 叠加   C. 胡克   D. 爱因斯坦

(3) 一矩形截面悬臂梁，在自由端面内受到集中力 **P** 的作用，力的作用线和横截面的相互位置如图 6-5 所示，此时该梁的变形状态应为（   ）。

    A. 平面弯曲   B. 斜弯曲   C. 偏心压缩   D. 弯曲与扭转组合

(4) 常见截面的截面核心中，圆形截面的偏心距为（   ）。

    A. $e = R$ B. $e > 2R$ C. $e = R/2$ D. $e = R/4$

3. 计算题

如图 6-6 所示矩形截面木杆，偏心压力 $F = 160\text{kN}$，$e = 5\text{cm}$，$[\sigma] = 10\text{MPa}$，截面宽度 $b = 16\text{cm}$，试确定截面高度 h。

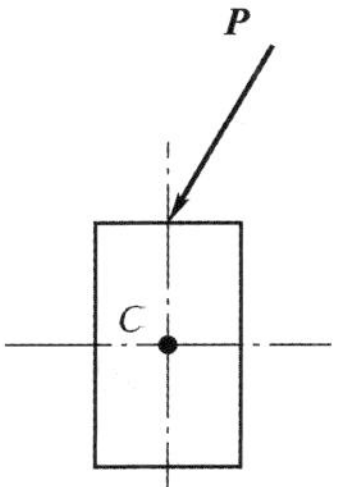

图 6-5 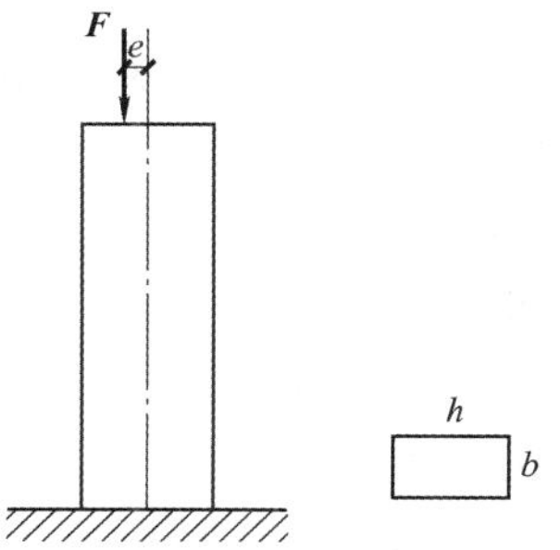   图 6-6

参考答案：

1. 判断题

(1)√；　(2)×；　(3)√；　(4)√

2. 选择题

(1)B；　(2)B；　(3)D；　(4)D

3. 计算题

$h = 230\text{mm}$

五、阅读材料

郑州市"9·6"模板支撑系统垮塌事故

1. 事故概况

2007年9月6日14时10分，河南省郑州市富田太阳城二期家居广场中心工程，在施工过程中采光井模板支撑系统突然垮塌，造成7人死亡、17人受伤。该工程建设单位为郑州市振兴房地产开发有限公司，施工单位为郑州市振兴建筑安装有限公司，监理单位为郑州市恒兴工程监理公司。

2. 原因分析

（1）直接原因

劳务公司在没有施工方案的情况下，安排架子工按常规的外脚手架支搭模板支撑系统，导致B2区地上中厅4层天井顶盖的模板支撑系统稳定性差，支撑刚度不够，整体承载力不足；混凝土浇筑工艺安排不合理，造成施工荷载相对集中，加剧了模板支撑系统局部失稳，导致坍塌。

（2）间接原因

①劳务公司现场负责人对施工过程中发现的重大事故险兆没有及时采取果断措施，让施工人员立即撤离的指令没有得到有效执行，现场指挥失误。

②劳务公司未按规定配备专职安全管理人员，未按规定对工人进行三级安全教育和培训，未向班组施工人员进行安全技术交底。

③施工单位对模板支撑系统安全技术交底内容不清，针对性不强，安全技术交底内容在施工过程中未得到有效执行。

④项目部对检查中发现的重大事故隐患未认真组织整改、验收，安全员在发现重大隐患没有得到整改的情况下在混凝土浇筑令上签了字。

⑤项目经理、执行经理、技术负责人、工长等相关管理人员未履行安全生产责任制，对高大模板支撑系统搭设完毕后未组织严格的验收，把关不严。

⑥监理单位的监理人员超前越权签发混凝土浇筑令，总监代表没有按规定程序下发暂停令，针对下发暂停令仍未停工的情况，没有及时地追查原因并加以制止，监督不到位。

3. 事故教训

(1)从近几年来发生的高大模板支撑系统坍塌事故案例中可以看出,施工人员不按施工方案执行,或者没有方案就组织施工是造成事故的一个重要原因。针对这起事故,劳务单位现场负责人在没有见到施工方案的情况下,就违章指挥架子班按脚手架的常规做法施工,从而导致事故发生。

(2)这起事故并不是突然发生的。从发现支撑体系变形到倒塌约有 30min 时间,但施工人员安全意识差,没有自我保护意识,不听从指挥,如果在发现支撑系统变形后,人员立即撤离现场,就不会造成严重的伤亡事故。

(3)在施工程序上安排不合理,采取先浇筑中间板后浇筑梁的方法,造成局部荷载加大,导致六已无法承受压力的支撑体系加决变形,终致整体坍塌。

4. 专家点评

这是一起因为违反施工方案擅自组织施工而引发的生产安全责任事故。事故的发生暴露出施二单位在施工组织上管理不严、施工技术管理松懈、监督检查不到位等问题。我们应认真吸取事故教训,做好以下几方面工作:

(1)加强技术管理。施工组织设计和专项施工方案是指导施工的纲领性文件。这起事故中的施工人员在未见到施工方案,也没有安全技术交底的情况下,随意组织搭设模板支撑系统,反映出施工单位技术管理存在严重缺陷,施工方案形同虚设。为赶工期,现场负责人心存侥幸,未按要求对模板支撑系统进行验收。这起事故提醒施工单位要严格执行技术规范和标准,编制施工方案,并履行编制、审核、审批制度,同时严格执行施工方案的操作程序,对主要部分用书面形式进行传达,对施工人员按照施工方案内容进行培训。

(2)加强监督检查。这起事故集中反映出施工管理人员对施工工艺不了解,盲目安排施工造成工序不合理,施工过程没有管理人员监督。施工单位应加强施工现场管理,按要求配备安全管理人员,把好现场安全监督关。

(3)提高自我保护意识。当发现模板支撑系统变形后,施工人员不听指挥,未及时撤离现场,表现出施工人员安全意识差,缺乏自我保护意识。从发现模板支撑系统架体变形到整体坍塌约有 30min 时间,若施工人员能够听从指挥及时撤离现场,完全可以避免出现如此惨痛的人员伤亡。这起事故警示我们,要加强对施工人员的安全教育,提高其安全意识和自我保护能力。

课题七
SUBJECT SEVEN
细长压杆的稳定性分析

一、学习目标

（1）会选用折减系数，能够用直线内插法计算折减系数。

（2）能够对压杆进行稳定性计算。

（3）能够分析影响受压构件稳定性的因素。

（4）会用欧拉公式计算临界力。

二、重难点与学习建议

1. 重难点

（1）压杆的稳定性问题是构件承载能力研究的内容之一。受压杆件如果不能满足稳定性要求会导致严重的后果，因此受压杆的稳定问题不容忽视。

（2）压杆的稳定，是指杆件在轴向压力作用下能保持其原有直线平衡形式的稳定。受轴向压力的直杆，当它能始终保持原有的直线平衡形式时，原来的直线形式的平衡是稳定的，否则，就是不稳定的。压杆从稳定平衡转变为不稳定平衡就是失稳，压杆是否失稳，是以临界力为标志的。

（3）稳定问题不同于强度问题。压杆失稳时，并非抗压强度不足被破坏，而是由于失稳不能保持原有的直线平衡形式而发生弯曲。

细长压杆失稳破坏时，横截面上的压应力小于强度极限。由此可见，失稳破坏与强度不足的破坏是两种性质完全不同的失效。失稳现象由于其发生的突然性和破坏的彻底性（整体破坏），往往造成灾难性后果，因此，应引起工程界的高度重视。稳定性同强度、刚度一起，被并列为构件正常工作的三大要求。

（4）欧拉公式是计算临界力的重要公式。从欧拉公式可知，细长压杆的临界力与杆件的长度（l）、横截面的形状和尺寸（I）、杆两端的支承情况（μ）、杆件所用材料（E）有关。设计压杆时，应综合考虑这些因素。

（5）压杆失稳总发生在抗弯能力最小的平面内。若压杆在 xy 和 xz 平面内的约束条件相同，但 $I_y < I_z$ 时，则失稳总在 xz 面内发生，即横截面绕 y 轴转动。这一点类似于通常所用钢尺的变形。

（6）柔度 λ 是一个重要的概念,它综合考虑了杆件的长度、截面形状、尺寸以及杆端约束条件的影响。柔度 λ 的计算公式为:

$$\lambda = \frac{\mu l}{i}$$

柔度 λ 值越大,临界力与临界应力就越小,这说明当压杆的材料、横截面面积一定时,λ 值越大,压杆就越容易失稳。因比,对于两端支承情况和截面形状沿两个方向不同的压杆,在失稳时总是沿 λ 值大的方向失稳。

（7）影响压杆稳定性的因素。压杆的稳定性取决于临界应力的大小。由欧拉公式可知,当柔度 λ 减小时,临界应力提高,而 $\lambda = \frac{\mu l}{i}$,因此影响受压构件稳定性的主要因素有:受压构件的长度、选取的截面形状、受压构件两端的支撑情况以及所选用的材料。

（8）确定压杆的临界力是解决压杆稳定性问题的关键。压杆临界力和临界应力的计算,应按压杆柔度大小分别进行。

细长压杆:

$$P_{\mathrm{cr}} = \frac{\pi^2 EI}{(\mu l)^2}, \quad \sigma_{\mathrm{cr}} = \frac{\pi^2 E}{\lambda^2}$$

中柔度杆:

$$\sigma_\alpha = a - b\lambda, \quad P_\alpha = \sigma_\alpha A$$

短粗杆属强度问题,应按强度条件进行计算。

（9）折减系数法是计算稳定性的实用方法。其稳定条件为:

$$\sigma = \frac{P}{A} \leqslant \varphi[\sigma]$$

式中,$[\sigma]$ 是强度计算时的许用应力。

（10）提高压杆稳定性的主要措施有:减小压杆的长度;改善杆端支承,减小长度系数 μ;选择合理的截面形状;选择适当的材料等。

2. 学习建议

通过对工程事故的分析,充分认识到压杆失稳的危害性,重点通过欧拉公式获取影响压杆稳定性的主要因素。

三、习题解析

1. 试用欧拉公式计算下面两种情况下轴向受压圆截面木柱的临界力和临界应力。已知:木柱长 $l = 3.5\mathrm{m}$,直径 $d = 200\mathrm{mm}$,弹性模量 $E = 10\mathrm{GPa}$。（1）两端铰支;（2）一端固定,一端自由。（见主教材习题7-1）

解:第 1 步:计算圆截面木柱的惯性矩和面积。

$$A = \frac{\pi}{4}d^2 = \frac{3.14}{4} \times 200^2 = 3.14 \times 10^4 (\mathrm{mm}^2)$$

$$I_{\min} = \frac{\pi d^4}{64} = \frac{3.14 \times 200^4}{64} = 7.85 \times 10^7 (\mathrm{mm}^4)$$

第 2 步:计算两端铰支木柱的临异力和临界应力。

两端铰支, $\mu = 1$:

$$P_{cr} = \frac{\pi^2 EI_{min}}{(\mu l)^2} = \frac{3.14^2 \times 10 \times 10^3 \times 7.85 \times 10^7}{(1 \times 3.5 \times 10^3)^2} = 631.8(\text{kN})$$

$$\sigma_{cr} = \frac{P_{cr}}{A} = \frac{631.8 \times 10^3}{3.14 \times 10^4} = 20.12(\text{MPa})$$

第 3 步:计算一端固定、一端自由木柱的临界力和临界应力。

一端固定、一端自由, $\mu = 2$:

$$P_{cr} = \frac{\pi^2 EI_{min}}{(\mu l)^2} = \frac{3.14^2 \times 10 \times 10^3 \times 7.85 \times 10^7}{(2 \times 3.5 \times 10^3)^2} = 158(\text{kN})$$

$$\sigma_{cr} = \frac{P_{cr}}{A} = \frac{158 \times 10^3}{3.14 \times 10^4} = 5.03(\text{MPa})$$

2. 一端固定、另一端自由的细长受压杆如图 7-1 所示,该杆是由 №14 号工字钢做成。已知钢材的弹性模量 $E = 2 \times 10^5 \text{MPa}$,材料的屈服极限 $\sigma_s = 240\text{MPa}$,杆长 $l = 3\text{m}$。试求:(1)该杆的临界力 P_{cr};(2)从强度角度计算该杆的屈服荷载 P_s,并将 P_{cr} 与 P_s 进行比较。(见主教材习题 7-2)

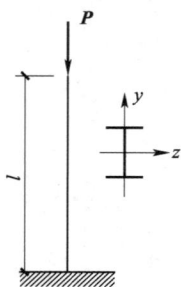

解:第 1 步:查热轧型钢表(见主教材附表 1)14 号工字钢得:

$$A = 21.5\text{cm}^2, \quad I_z = 712\text{cm}^4, \quad I_y = 64.4\text{cm}^4$$

第 2 步:根据欧拉公式计算临界应力。压杆一端固定,一端铰支,长度系数 $\mu = 2$ 。

图　7-1

$$P_{cr} = \frac{\pi^2 EI_{min}}{(\mu l)^2} = \frac{3.14^2 \times 2 \times 10^5 \times 64.4 \times 10^4}{(2 \times 3 \times 10^3)} = 35.3(\text{kN})$$

第 3 步:根据压缩屈服强度,计算压杆的屈服荷载 P_s 。

$$N_{max} = A \cdot \sigma_s = 21.5 \times 10^2 \times 240 = 516(\text{kN})$$

$$P_s = N_{max} = 516\text{kN} > P_{cr}$$

3. 一端固定、一端自由的矩形截面受压木杆,已知杆长 $l = 2.8\text{m}$,截面尺寸 $b \times h = 100\text{mm} \times 200\text{mm}$,轴向压力 $P = 20\text{kN}$,木材的许用应力 $[\sigma] = 10\text{MPa}$,试对该压杆进行稳定性校核。(见主教材习题 7-3)

解:第 1 步:计算惯性半径、惯性矩和压杆的柔度。

根据惯性半径定义:

$$i = \sqrt{\frac{I_{min}}{A}}$$

压杆 BD 为圆杆,横截面面积为圆截面面积,故:

$$A = b \times h = 100 \times 200 = 2 \times 10^4(\text{mm}^2)$$

压杆 BD 圆截面的最小惯性矩为:

$$I_{min} = \frac{hb^3}{12} = \frac{200 \times 100^3}{64} = 1.67 \times 10^7(\text{mm}^4)$$

$$i = \sqrt{\frac{I_{min}}{A}} = \sqrt{\frac{1.67 \times 10^7}{2 \times 10^4}} = 28.9(\text{mm})$$

压杆 BD 为一端固定,一端自由,长度系数 $\mu = 2$,柔度为:

$$\lambda = \frac{\mu l}{i} = \frac{2 \times 2.8 \times 10^3}{28.9} = 194$$

第2步:计算折减系数 φ(用直线内插法)。

查表(见主教材表7-2-1,Q235钢):

$$\lambda = 190, \quad \varphi = 0.083$$
$$\lambda = 200, \quad \varphi = 0.075$$

$$\lambda = 194 \ \text{时}, \quad \varphi = 0.083 - \frac{194 - 190}{200 - 190}(0.083 - 0.075) = 0.079\,8$$

第3步:根据压杆的稳定条件,核算立柱的稳定性。

$$\sigma = \frac{N_{3D}}{A} = \frac{20 \times 10^3}{2 \times 10^4} = 1(\text{MPa})$$

$$\varphi[\sigma] = 0.079\,8 \times 10 = 0.798(\text{MPa})$$

$$\sigma > \varphi[\sigma]$$

因此,压杆的稳定性不能满足要求。

4. 图7-2所示三铰支架中,BD 杆为圆截面钢杆,已知 $P=50$kN,BD 杆材料的许用应力 $[\sigma]=160$MPa,直径 $d=50$mm,试求:(1)校核压杆 BD 的稳定性;(2)从 BD 杆的稳定性考虑,求三铰支架能承受的最大安全荷载 P_{max}。(见主教材习题7-4)

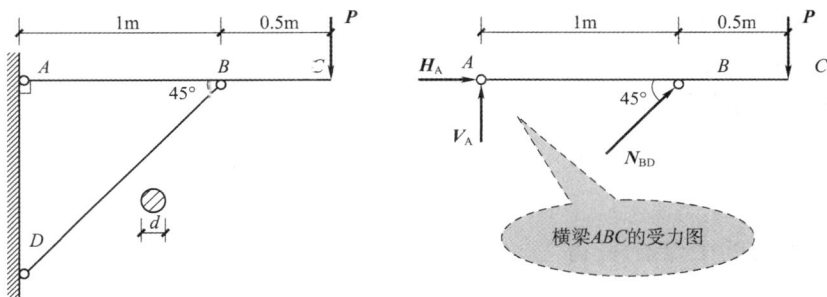

图 7-2

解:(1)校核压杆 BD 的稳定性。

第1步:计算压杆 BD 所受的力。取横梁 ABC 为研究对象,画受力图如图7-2所示。

$$\sum m_A = 0, \quad 1.5P - N_{BD}\sin45° \times 1 = 0$$

$$N_{BD} = \frac{1.5 \times 50}{\sin45°} = 75\sqrt{2}(\text{kN})$$

第2步:计算惯性半径、惯性矩和压杆的柔度。

根据惯性半径定义:

$$i = \sqrt{\frac{I_{min}}{A}}$$

压杆 BD 为圆杆,横截面面积为圆截面面积,故:

$$A = \frac{\pi}{4}d^2 = \frac{3.14}{4} \times 50^2 = 1\,962.5(\text{mm}^2)$$

压杆 BD 圆截面的惯性矩为:

$$I_{min} = \frac{\pi d^4}{64} = \frac{3.14 \times 50^4}{64} = 3.07 \times 10^5(\text{mm}^4)$$

$$i = \sqrt{\frac{I_{\min}}{A}} = \sqrt{\frac{3.07 \times 10^5}{1\,962.5}} = 12.5(\text{mm})$$

压杆 BD 的为两端铰支，长度系数 $\mu = 1$，柔度为：

$$\lambda = \frac{\mu l}{i} = \frac{1 \times \sqrt{2} \times 10^3}{12.5} = 113$$

第3步：计算折减系数 φ（用直线内插法）。

查常用材料折减系数表（见主教材表7-2-1，Q235钢）：

$$\lambda = 110, \quad \varphi = 0.536$$
$$\lambda = 120, \quad \varphi = 0.466$$

$$\lambda = 113 \text{ 时}, \quad \varphi = 0.536 - \frac{113-110}{120-110}(0.536-0.466) = 0.515$$

第4步：根据压杆的稳定条件，核算立柱的稳定性。

$$\sigma = \frac{N_{BD}}{A} = \frac{75\sqrt{2} \times 10^3}{1\,962.5} = 54.04(\text{MPa})$$
$$\varphi[\sigma] = 0.515 \times 160 = 82.4(\text{MPa})$$
$$\sigma < \varphi[\sigma]$$

BD 杆的稳定性满足要求。

（2）从 BD 杆的稳定性考虑，求三铰支架能承受的最大安全荷载 $P_{\max}$。

根据压杆 BD 的稳定条件，得：

$$\frac{N_{BD}}{A} = \varphi[\sigma]$$
$$N_{BD} = A\varphi[\sigma]$$

根据横梁 ABC 的平衡条件，得：

$$\sum m_A = 0, \quad 1.5 P_{\max} - N_{BD}\sin45° \times 1 = 0$$

$$P_{\max} = \frac{N_{BD}\sin45°}{1.5} = \frac{A\varphi[\sigma]\sin45°}{1.5} = \frac{1\,962.5 \times 82.4 \times 0.707}{1.5} = 76\,219(\text{N}) = 76.219\text{kN}$$

因此，从 BD 杆的稳定性考虑，三铰支架能承受的最大安全荷载 $P_{\max}$ 为76kN。

5.图7-3所示结构中，横梁为 №16 号工字钢，立柱为圆钢管，其外径 $D = 80\text{mm}$，内径 $d = 76\text{mm}$，已知 $l = 6\text{m}, a = 3\text{m}, q = 4\text{kN/m}$，钢管材料的许用应力 $[\sigma] = 160\text{MPa}$，试对立柱进行稳定性校核。（见主教材习题7-5）

解：第1步：受力分析。立柱 BC 为二力杆件，由横梁受力可知，立柱所受的压力为：$ql/2 = 12\text{kN}$。

第2步：计算立柱的惯性半径 i、惯性矩 $I_{\min}$、柔度 λ。

根据惯性半径的定义进行计算：

$$i = \sqrt{\frac{I_{\min}}{A}}$$

立柱的截面为圆环形，面积为：

$$A = \frac{\pi}{4}(D^2 - d^2) = \frac{3.14}{4}(80^2 - 76^2) = 489.84(\text{mm}^2)$$

立柱圆环形截面的惯性矩为:

$$I_{min} = \frac{\pi}{64}(L^4 - d^4) = \frac{3.14}{64}(80^4 - 76^4) = 3.73 \times 10^5 (mm^4)$$

$$i = \sqrt{\frac{I_{min}}{A}} = \sqrt{\frac{3.73 \times 10^5}{489.84}} = 27.6(mm)$$

立柱两端铰支,长度系数 $u = 1$:

$$\lambda = \frac{ul}{i} = \frac{1 \times 3 \times 10^3}{27.6} = 109$$

第3步:计算折减系数 φ(用直线内插法)。

查常用材料的折减系数表(见主教材表7-2-1,Q235 钢):

$$\lambda = 100, \quad \varphi = 0.604$$
$$\lambda = 110, \quad \varphi = 0.536$$

$\lambda = 109$ 时, $\varphi = 0.604 - \dfrac{109 - 100}{110 - 100}(0.604 - 0.536) = 0.5428$

第4步:根据压杆的稳定条件,核算立柱的稳定性。

$$\sigma = \frac{P}{A} = \frac{12 \times 10^3}{489.84} = 24.5(MPa)$$

$$\varphi[\sigma] = 0.5428 \times 160 = 86.84(MPa)$$

$$\sigma < \varphi[\sigma]$$

因此,立柱稳定性满足要求。

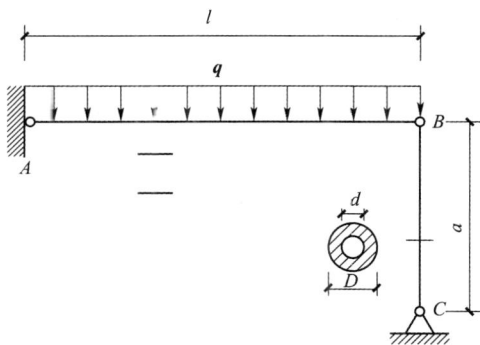

图 7-3

四、自测题及答案

1.填空题

(1)细长压杆在轴向力作用下保持其原有直线平衡状态的能力称为_____。

(2)在一定轴向压力作用下,细长直杆突然丧失其原有直线平衡形态的现象叫作压杆

_____。

（3）压杆失稳与强度破坏，就其性质而言是完全不同的，导致压杆失稳的压力比发生强度破坏时的压力要_____得多。因此，对细长压杆必须进行_____计算。

（4）长度系数μ反映了杆端的_____对临界力的影响。

（5）柔度λ是压杆稳定计算中的一个十分重要的几何参数。柔度λ综合反映了_____、_____、_____对临界应力的影响。λ越大，表示压杆越_____，临界应力就越_____，临界力也就越小，压杆就越易_____。

（6）影响受压构件稳定性的主要因素有：受压构件的_____，选取的截面_____，受压构件两端的_____情况以及所选用的_____。

（7）提高压杆稳定性的措施主要有：_____压杆的长度；_____长度系数μ；选择合理的_____；选择适当的_____；改善结构_____情况。

2. 判断题

（1）改变压杆的约束条件可以提高压杆的稳定性。 （ ）

（2）压杆通常在强度破坏之前便丧失稳定。 （ ）

（3）对于细长杆，采用高强度钢才可以提高压杆的稳定性。 （ ）

（4）压杆失稳时一定沿截面的最小刚度方向挠曲。 （ ）

3. 选择题

（1）细长杆承受轴向压力P的作用，其临界压力与（   ）无关。

    A. 杆的材质   B. 杆的长度

    C. 杆承受压力的大小   D. 杆的横截面形状和尺寸

（2）细长压杆的（   ），则其临界应力σ越大。

    A. 弹性模量E越大或柔度λ越小   B. 弹性模量E越大或柔度λ越大

    C. 弹性模量E越小或柔度λ越大   D. 弹性模量E越小或柔度λ越小

（3）两根材料和柔度都相同的压杆（   ）。

    A. 临界应力一定相等，临界压力不一定相等

    B. 临界应力不一定相等，临界压力一定相等

    C. 临界应力和临界压力一定相等

    D. 临界应力和临界压力不一定相等

参考答案：

1. 填空题

（1）压杆的稳定性

（2）丧失稳定性（或失稳）

（3）小；稳定性

（4）杆端约束条件

（5）杆长；约束条件；截面尺寸和形状；细长；小；失稳

（6）长度；形状；支撑；材料

（7）减小；减小；截面形状；材料；受力

2.判断题

(1)√; (2)√; (3)×; (4)√

3.选择题

(1)C; (2)A; (3)A

五、阅读材料

施 压 求 稳

德国的斯图加特 Killesberg 公园里有一座观景塔,如图 7-4 所示。它耸立于公园一个山丘的顶部,游人登临四顾,公园及其周围的景色尽收眼底。塔高 42m,远远称不上什么宏伟的建筑,然而它造型独特、体态轻盈,所体现的建筑与结构的结合堪称完美,它所包含的力学道理更值得人们探究和玩味。

图 7-4

塔的结构部分由钢管、索网、承压环和钢平台组成[图 7-5a)]。

(1)钢管立柱是整个结构的轴心,下端与基础铰接。

(2)索网以立柱为轴,以抗压环为分界,上部 24 根索汇集于柱顶,形成一个圆锥面;下部 48 根索相互交叉呈菱形网眼,形成一个旋转双曲面。索的下端锚固于地基。

(3)钢平台共有 4 层,每层平台均由环形钢板、环向和径向的交叉梁系构成,外环梁支承于索网结点,内部通过 6 根相互成 60°角的径向主梁与立柱相连。

(4)承压环固定在索网上,与立柱无连接。

此外,每层平台均有两组螺旋形楼梯,楼梯的两端分别与上下层平台或地面相连,外侧楼梯梁与索网相连。它们只是结构的附属部分,在分析结构主体时可以暂时撇开它们不谈。

这个塔是一个比较复杂的空间结构,但是为了简化它的受力分析,可以将它简化为平面结构,如图7-5b)所示。其中,每层平台可简化为两根杆件,与索和立柱铰接,承压环简化为一根杆件,与立柱无连接。

稍加分析不难发现,图7-5所示体系的计算自由度 $W=0$,其中存在图示的自应力状态,因此它是一个几何可变体系。实际上,如果没有预应力,这个结构是根本站不住脚的。

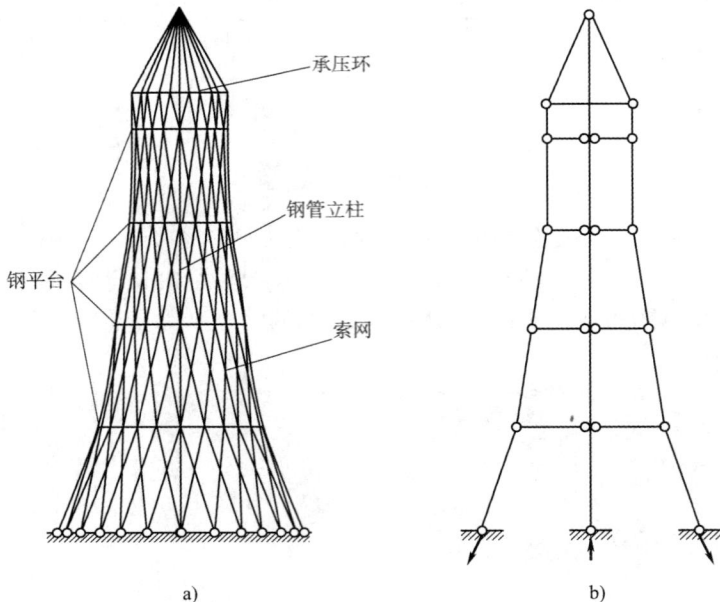

承压环

钢管立柱

钢平台

索网

a)   b)

图 7-5

这里我们要着重讨论的是结构的稳定性问题。在这个结构中,钢管无疑是最重要的受力构件,是"顶梁柱"和"主心骨",但它那纤细的外表使人不禁感到担心。更何况环绕其周围的48根钢索都在"使劲"往下拉,使它从一开始就处于受压状态。如果说,为了使这个几何不变体系成为结构,预应力是必要条件的话,那么,从立柱的稳定性考虑,这种预应力是有利的还是不利的呢?

为了便于讨论,我们先来看一个比较简单的问题。图7-6a)所示的组合结构,其中压杆 AB 除受轴向压力荷载 P 作用之外,还受到来自4根预应力拉索的作用,每根拉索的拉力为 T。拉索显然增加了压杆的负担,它们对压杆的稳定性到底是有利还是不利呢?

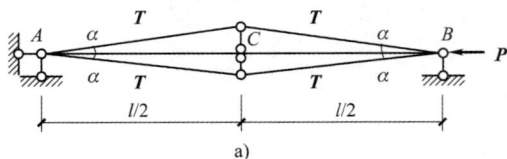

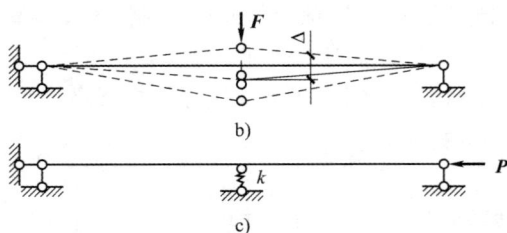

图 7-6

设拉索与压杆的夹角 α 很小,并且拉索的张力不因杆的弯曲变形而改变。在压杆的中点给压杆施加集中力 F,使压杆产生挠度 Δ,如图7-6b)所示。如果忽略压杆本身的抗弯刚度,则可以根据瞬变体系的力学特性来分析。在瞬变体系的杆件中预先施加了预张力,杆件中相应的预应力 $\sigma = T/A$,在不受荷载作用时,两根杆件在一条直线上,

体系中的预张力自成平衡。此时,可得关系式:

$$\frac{P}{\Delta} \approx \frac{2T}{l}$$

这就是索张力给压杆提供的附加侧向刚度。因此,图7-6b)可以用图7-6c)来代替,其中弹簧的刚度 $k = 4T/l$。

从上面的讨论可知,张拉索的作用相当于给压杆提供了一个弹性支座。这个弹性支座减小了压杆的计算长度,从而提高了它的失稳临界荷载。

回到斯图加特Killesberg公园的观景塔上来。现在我们清楚了:原来塔上的4个钢平台,除了供游人伫立观光,把他们的竖向荷载传递给立柱和索网之外,还担负着重要的作用,它们和索网一起,给细长的钢管立柱提供了4个弹性支座,从而保证了立柱的稳定性。它们不仅具有建筑所要求的功能,同时也是结构的重要组成部分。

失稳缘于受压,施压意在求稳,这就是辩证法。应该指出,预应力是一把"双刃剑",它在以提供弹性支座的方式提高压杆临界荷载的同时,也使压杆预先承受了额外的压力,从而抵消了因预应力而增加的部分承载能力,因此,预应力的施加有一个"度"的问题,这是需要在设计中充分认真考虑的。

材料来源:节选自单强《趣味结构力学》5.7

课题八
SUBJECT EIGHT
典型静定结构的受力分析

一、学习目标

(1)能够确定平面体系的几何不变性。

(2)能够熟练绘制静定多跨梁和静定平面刚架的内力图。

(3)会准确判别静定平面桁架中的零杆。

(4)能够选择合适的方法计算静定平面桁架的内力。

二、重难点与学习建议

1. 重难点

1）自由度概念

一般来说，如果一个体系有几个独立的运动方式，我们就说这个体系有几个自由度。换句话说，一个体系的自由度，等于这个体系运动时可以独立改变的坐标数目。

2）几何组成规则

在进行结合组成分析时，必须明确刚片的含义，大地基础、任何一根杆件、任何一个无多余约束的几何不变体系都可以当成一块刚片。

规则一：三刚片以不在一条直线上的三铰相连，组成无多余约束的几何不变体系——三刚片规则。

规则二：两刚片以一铰及不通过该铰的一根链杆相连组成无多余约束的几何不变体系——两刚片规则。

规则三：两刚片以不互相平行，也不相交于一点的三根链杆相连，组成无多余约束的几何不变体系——二元体规则。

3）静定结构的概念和性质

凡只需利用静力平衡条件就能计算出全部支座反力和杆件内力的结构，称为静定结构。

静定结构的基本性质使解答具有唯一性。

(1)结构局部能平衡外力时，仅此部分受力，其他部分没有内力。

(2)结构的一个几何不变部分上的外力做静力等效变换时，仅使变换部分范围内的内力发生变化。

（3）支座移动、温度变化、制造误差等因素只能使结构产生位移,不能产生内力、反力。

（4）结构的一个几何不变部分在保持连接方式、不变性的条件下,用另一个构造方式的几何不变体代替,则其他部分受力不变。

（5）具有基本部分和附属部分的结构,仅基本部分受力时,附属部分不受力。

4）平面体系的几何组成分析常用方法

一般有以下几种方法,分析时要注意灵活应用。

（1）扩大基础法。如果一个刚片与基础相连后是静定结构,就可以将这个刚片与基础连成一体作为一个大刚片。

（2）拆除二元体法。对一个体系进行分析时,如果有二元体一定要先拆除,这样可使体系简化,但一定要确保拆除的是二元体。注意:二元体是无荷载作用的两杆结点。

（3）大刚片法。如果体系中的杆件较多,可以将其中一些杆件组成大刚片。

5）平面体系组成分析的基本思路

基本思路是先设法化简,再找刚片,然后再选择合适的规则进行分析。具体步骤如下:

（1）计算体系的自由度。如自由度大于零,说明自由度多于约束数目,体系为几何可变。

（2）分析平面杆件体系的特点进行简化。有二元体首先拆除;若体系仅三支链杆(不全平行,不交于一点)与基础相连,可去掉基础,化为杆系内部的可变性分析;也可以在基本刚片的基础上加二元体,按照大刚片化简体系。

（3）分析化简后的体系适合什么规则,并进行具体分析。

（4）结论。

6）多跨静定梁

多跨静定梁一般由附属部分和基本部分通过圆柱形铰链连接而成。按照传力特点,受力分析时应按照先附属部分、后基本部分的顺序进行。在铰接处不能漏掉作用力与反作用力,作用力与反作用力的箭头指向相反,不要标错。

7）区段叠加法

对于某梁中的一段,在事先能求得该段杆端弯矩的前提之下,该梁段在这个区段内的弯矩可由简支梁在区段荷载作用下的弯矩相叠加得到,这种作弯矩图的方法称为区段叠加法。

区段叠加法作弯矩图的步骤为:

（1）用截面法求区段两端截面的弯矩,并将两点弯矩纵坐标连成虚线。

（2）计算在该区段荷载作用下,跨度与该区段长度相同的简支梁的弯矩。

（3）以虚线为基线,叠加以区段长度为跨度的简支梁弯矩图。

2. 学习建议

研究生活中常见的座椅、雨棚、加油站顶棚等不同对象,通过受力分析,区分静定梁、刚架、拱、桁架等四类结构的受力特点,利用截面法进行大量的不同结构内力计算练习。

三、习题解析

1. 对图 8-1 所示结构的几何组成进行分析。（见主教材习题 8-1）

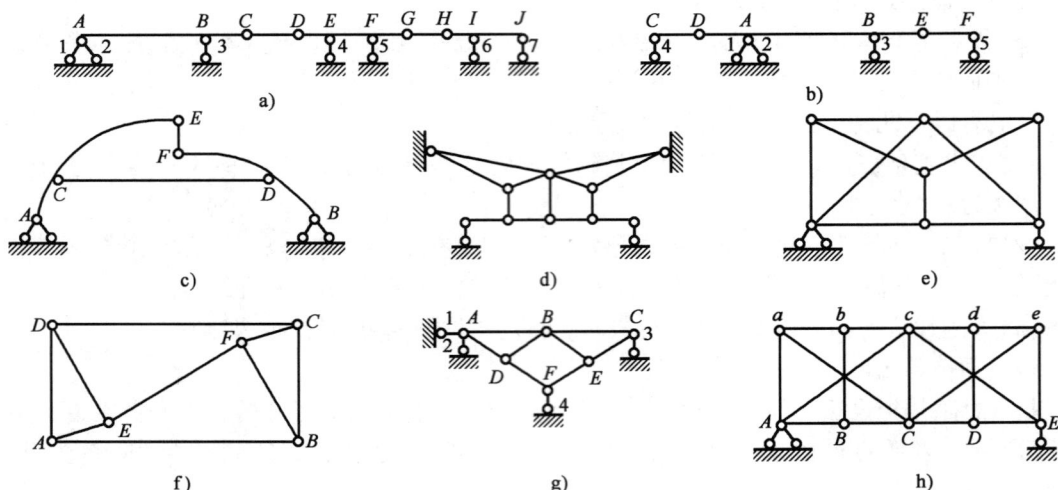

图　8-1

解：图 8-1a）无多余约束的几何不变体系。

图 8-1b）无多余约束的几何不变体系。

图 8-1c）无多余约束的几何不变体系。

图 8-1d）自由度 $W = 1$，几何可变体系。

图 8-1e）无多余约束的几何不变体系。

图 8-1f）无多余约束的几何不变体系。

图 8-1g）有 1 个多余约束的几何不变体系。

图 8-1h）几何瞬变体系。

2. 试作图 8-2 所示多跨静定梁的 M 图、Q 图。（见主教材习题 8-2c）

解：解题过程如下：

第 1 步：确定静定多跨梁的附属部分和基本部分。EF 为附属部分，ABC 梁为基本部分。

第 2 步：按照先附属部分、后基本部分的顺序，分别计算梁 EF→ 梁 CDE→梁 ABC 的支座反力。画受力图时要注意铰 C、铰 E 处作用与反作用力的关系，即作用与反作用力大小相等、方向相反，分别作用在两个物体上，作用线在一条直线上（图 8-2）。

第 3 步：画剪力图（图 8-3）。在一条基准线上分别画出每一根梁的剪力图。可以根据已经求得的支座反力和已知的荷载，按照剪力与荷载间的规律用简捷法分段绘制剪力图。

第 4 步：画弯矩图（图 8-3）。在一条基准线上分段画出每一根梁的弯矩图。可以根据 M、Q、q 间的微分关系用简捷法分段绘制弯矩图。注意先画梁空载段的直线弯矩图，再用区段叠加法画均布荷载段的弯矩图。注意弯矩图应画在杆件受拉的一侧。如果弯矩图在杆件下方，则表示杆件的下侧受拉、上侧受压。

剪力图和弯矩图也可以用截面法来求。采用截面法的步骤如下。

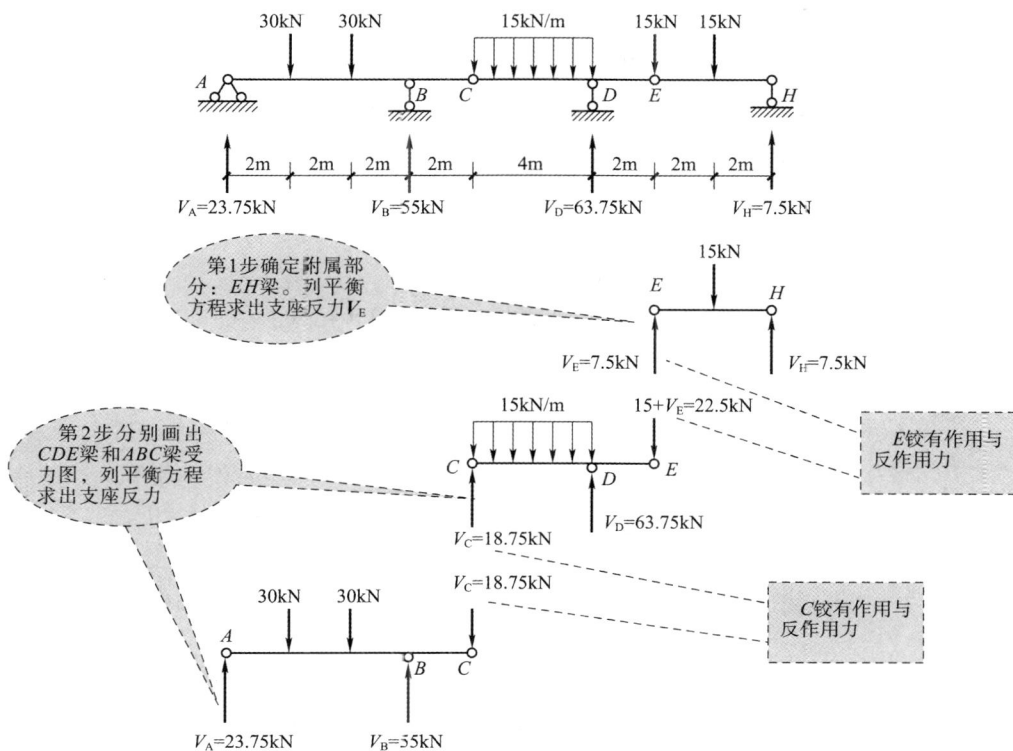

图 8-2

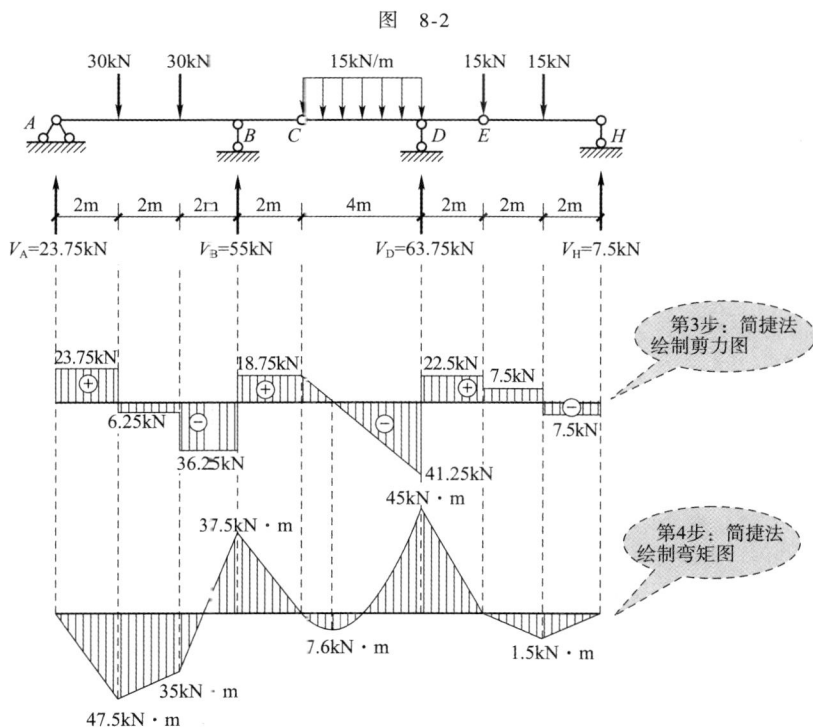

图 8-3

第1步：列平衡方程计算全部的支座反力。

第2步：分段。按杆件上的外力作用点、分布荷载分布长度的端点和杆件结构的铰接点分段。

第3步：按照截面法的步骤求出每段端点的剪力值和弯矩值。

第4步：分段描点连线。剪力图要标注正负号，弯矩图画在杆件受拉的一侧。

3.试作图8-4所示刚架的 M 图、Q 图、N 图。（见主教材习题8-3）

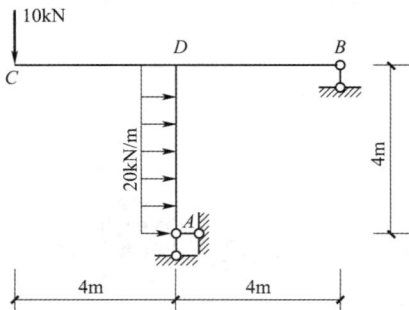

图 8-4

解：第1步：画出刚架的受力图（图8-5）。列平衡方程计算支座反力。

$$\sum M_A = 0, \quad 10 \times 4 + V_B \times 4 - 20 \times 4 \times 2 = 0$$

$$V_B = \frac{1}{4}(160 - 40) = 30(kN)(\uparrow)$$

$$\sum Y = 0, \quad -10 - V_A + V_B = 0$$

$$V_A = V_B - 10 = 30 - 10 = 20(kN)(\downarrow)$$

$$\sum X = 0, \quad 20 \times 4 - H_A = 0$$

$$H_A = 80(kN)(\leftarrow)$$

第2步：分段画弯矩图。可用简捷法分别画出 CD、DB 杆的弯矩图。用叠加法画 AD 杆的弯矩图。

第3步：分段画剪力图。根据已知的外力，可用简捷法画出各杆的剪力图。

第4步：分段画轴力图。根据杆端外力，可以分析出 CD 杆和 DB 杆轴力为零。因为支座 A 处的 $V_A = 20kN$，可以得出 DA 杆所受拉力为20kN。

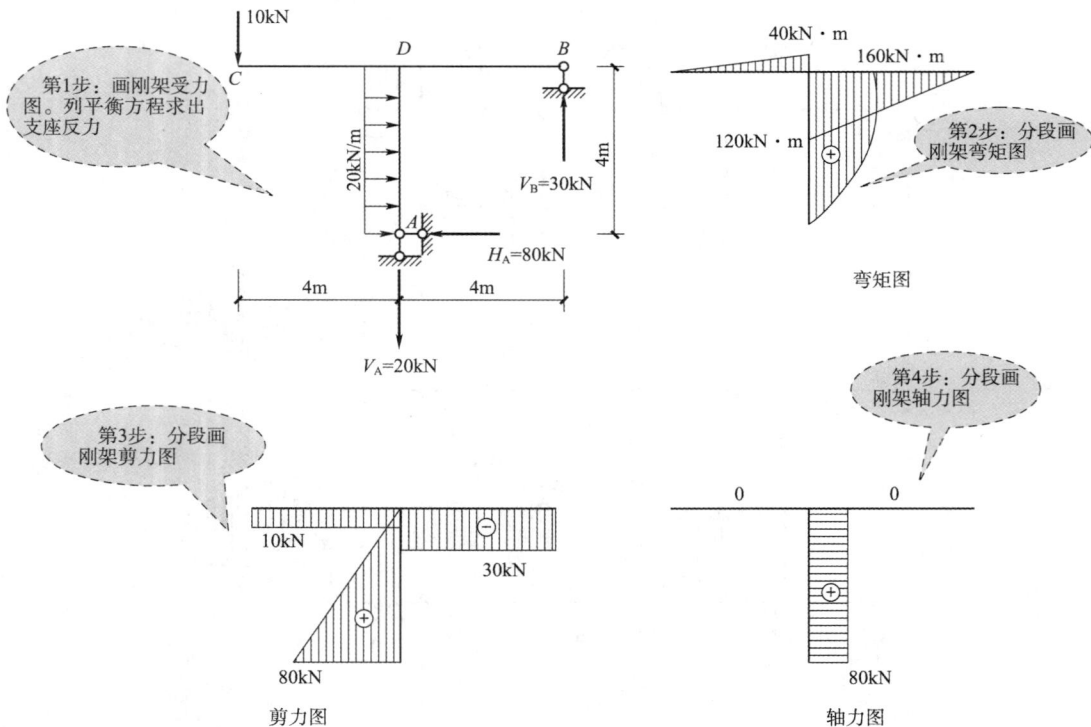

图 8-5

4.试作图8-6所示刚架的 **M** 图。[见主教材习题8-4图 a)]

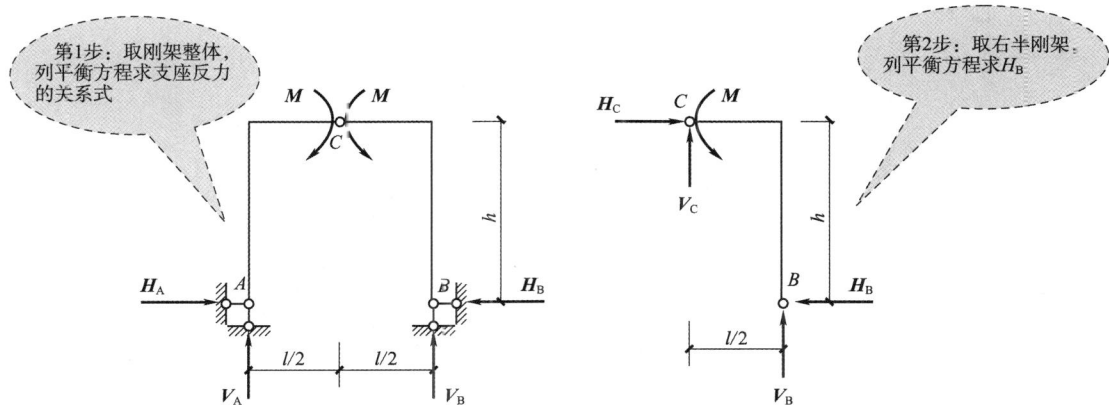

第1步：取刚架整体，列平衡方程求支座反力的关系式

第2步：取右半刚架，列平衡方程求H_B

图 8-6

解：(1)求支座反力。

第1步：取刚架整体为研究对象，画刚架的受力图。

$$\sum M_A = 0, \quad M - M + V_B \times l = 0$$
$$V_B = 0$$
$$\sum X = 0, \quad H_A = H_B$$
$$\sum Y = 0, \quad V_A = -V_B = 0$$

第2步：取右半刚架为研究对象，画右半刚架的受力图。

$$\sum M_C = 0, \quad M + V_B \times \frac{l}{2} - H_B \times h = 0$$

得到：

$$H_B = M/h(\leftarrow)$$
$$H_A = H_B = M/h(\rightarrow)$$

(2)画刚架的弯矩图(图8-7)。

外力已知的情况下，可以用简捷法画弯矩图。注意 C 铰作用有一对外力偶，此处对应的弯矩图上有突变，突变值等于外力偶的力偶矩 M。

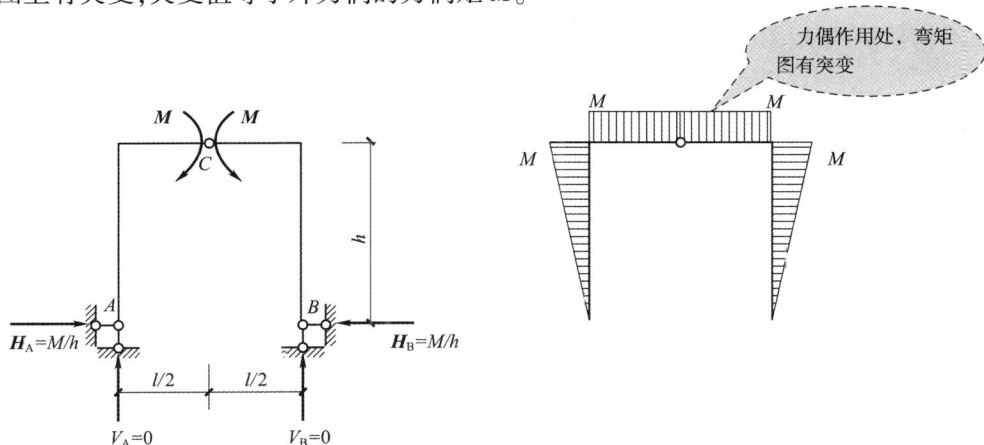

力偶作用处，弯矩图有突变

图 8-7

5. 试作图 8-8 所示刚架的 M 图。[见主教材习题 8-4 图 b)]

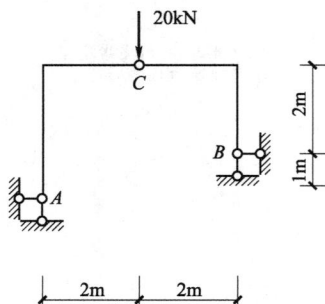

图 8-8

解:(1)求支座反力。

第 1 步:取刚架整体为研究对象,画受力图如图 8-9 所示。

$$\sum X = 0, \quad H_A = H_B$$
$$\sum Y = 0, \quad V_A + V_B - 20 = 0$$
$$\sum M_A = 0, \quad -20 \times 2 + V_B \times 4 + H_B \times 1 = 0$$

第 2 步:取右半刚架为研究对象,画右半刚架的受力图(图 8-9)。

$$\sum M_C = 0, \quad V_B \times 2 - H_B \times 2 = 0$$
$$V_B = H_B$$

代入第 1 步中力矩式。得到:

$$5H_B = 40$$
$$H_B = 8kN(\leftarrow)$$
$$H_A = 8kN(\rightarrow)$$
$$V_B = 8kN(\uparrow)$$
$$V_A = 20 - V_B = 20 - 8 = 12(kN)(\uparrow)$$

第1步：取刚架整体,列平衡方程求支座反力的关系式

第2步：取右半刚架,列平衡方程求 H_B 和 V_B

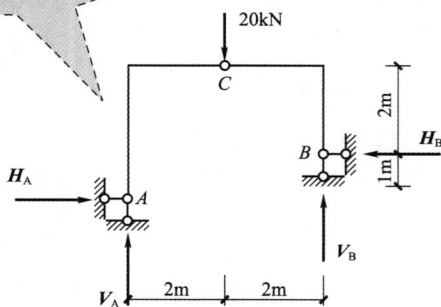

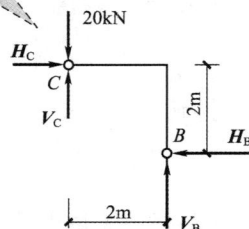

图 8-9

(2)画刚架的弯矩图(图 8-10)。

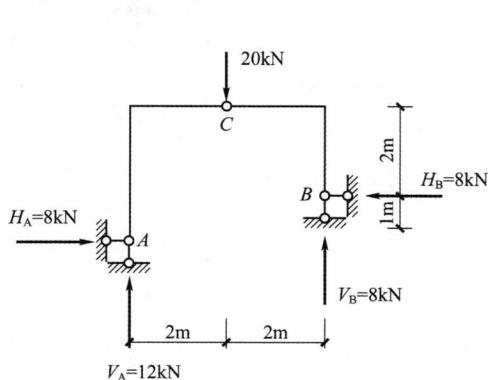

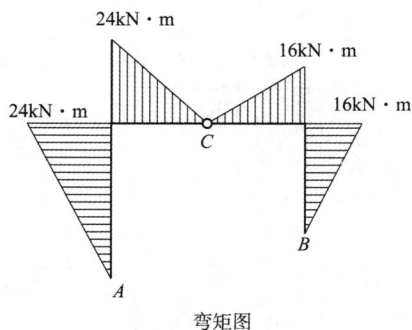

弯矩图

图 8-10

6.试作图8-11所示刚架的 M 图。[见主教材习题8-4图c)]

解:(1)求支座反力。

第1步:取刚架整体为研究对象,画受力图如图8-12所示。

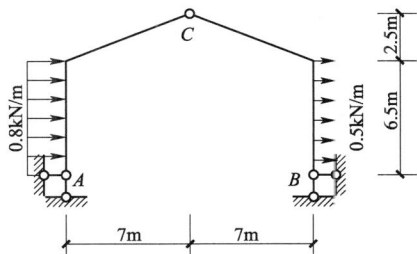

$$\sum X = 0, \quad H_A - H_B + 0.8 \times 6.5 + 0.5 \times 6.5 = 0$$

$$\sum Y = 0, \quad V_A + V_B = 0$$

$$\sum M_A = 0, \quad V_B \times 14 - 0.8 \times 6.5 \times \frac{6.5}{2} - 0.5 \times 6.5 \times \frac{6.5}{2} = 0$$

图 8-11

$$V_B = \frac{1}{14}(0.8 + 0.5) \times 6.5 \times \frac{6.5}{2} = 1.96 (\text{kN}) (\uparrow)$$

$$V_A = -1.96 (\text{kN}) (\downarrow)$$

注意: V_A 结果的负号说明 V_A 的箭头指向与受力图中相反,实际箭头指向下。

第2步:取右半刚架为研究对象,画右半刚架的受力图(图8-12)。

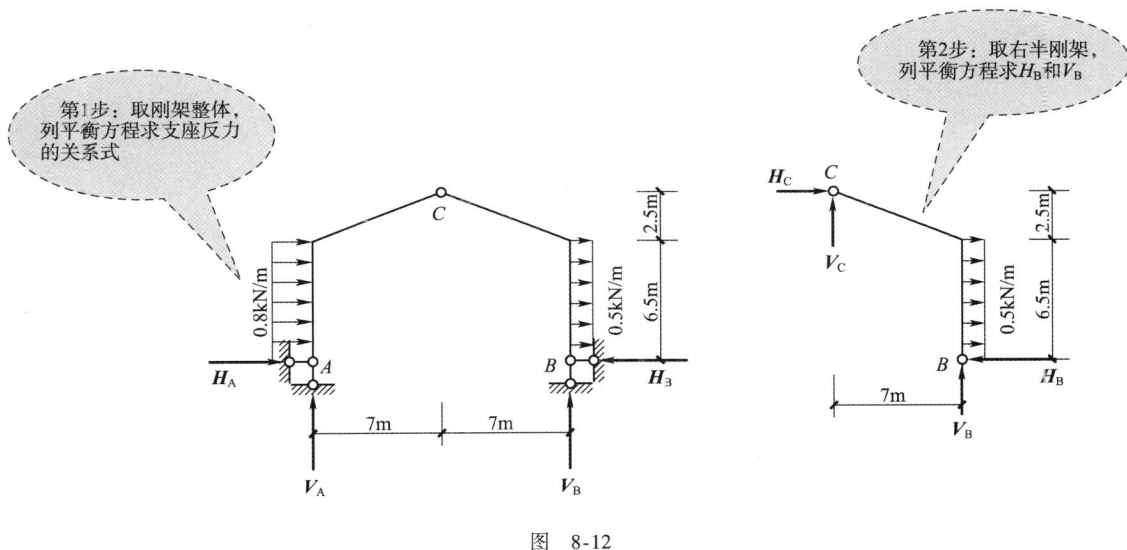

图 8-12

$$\sum M_C = 0, \quad V_B \times 7 - H_B \times (6.5 + 2.5) + 0.5 \times 6.5\left(\frac{6.5}{2} + 2.5\right) = 0$$

$$H_B = \frac{1}{9}\left[1.96 \times 7 + 0.5 \times 6.5\left(\frac{6.5}{2} + 2.5\right)\right] = 3.6 (\text{kN}) (\leftarrow)$$

$$H_A = H_B - 0.8 \times 6.5 - 0.5 \times 6.5 = 3.6 - 8.45 = -4.85 (\text{kN}) (\leftarrow)$$

注意: H_A 结果得负号,说明 H_A 的箭头指向与受力图中的相反,实际箭头指向左。

(2)画刚架的弯矩图(图8-13)。

弯矩图要分段画出。注意在第1步计算中,支座 A 的反力 V_A 和 H_A 为负号,说明 V_A 和 H_A 的实际指向与受力图中的指向相反。

画法一：根据立柱支座反力的真实方向，利用截面法分段计算杆端弯矩，再分段描点连线即得。

画法二：先利用叠加法画出立柱的弯矩图，再根据刚结点的平衡条件确定斜梁杆端弯矩，C 铰弯矩为零，描点连线即得。

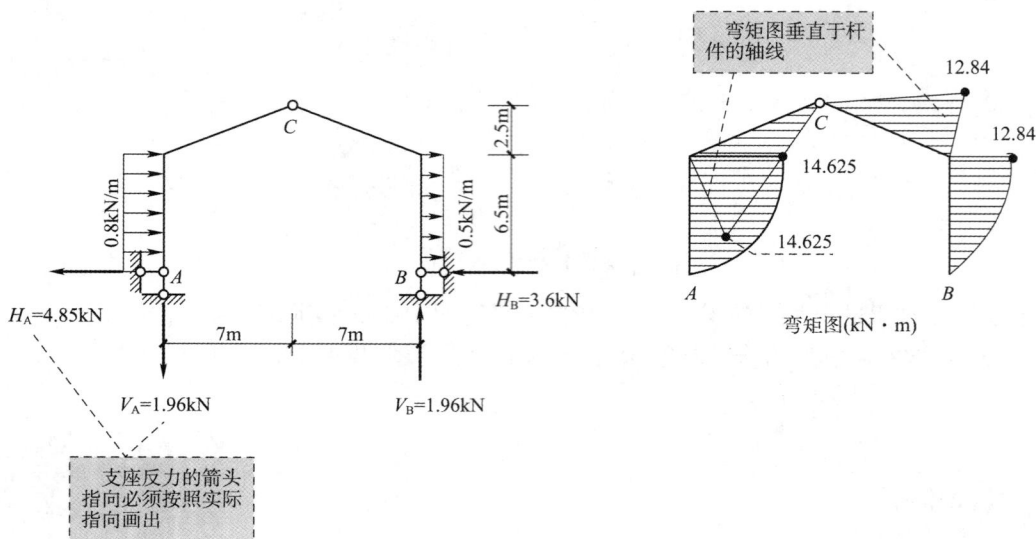

图 8-13

7.已知抛物线三铰拱的拱轴线方程为 $y = \dfrac{4f}{l^2}x(l-x)$，试求图 8-14 所示支座反力和截面 K 的内力。（见主教材习题 8-5）

解：第 1 步：画一根与三铰拱同跨度同荷载的简支梁。标出与拱相对应的 K 点和中点 C。绘制简支梁的剪力图和弯矩图。标出 K 点和中点 C 截面的弯矩值，如图 8-14 所示。

计算支座反力：

$$V_A^0 = 55\text{kN}; \quad V_B^0 = 25\text{kN}$$

由剪力图得：

$$Q_{K左}^0 = +55\text{kN}; \quad Q_{K右}^0 = -25\text{kN}$$

由弯矩图得：

$$M_K^0 = 275\text{kN} \cdot \text{m}; \quad M_C^0 = 200\text{kN} \cdot \text{m}$$

计算三铰拱支座的水平反力：

$$H = \frac{M_C^0}{f} = \frac{200}{4} = 50(\text{kN})$$

第 2 步：计算 K 点倾斜角 φ_K。

根据曲线斜率的定义有：

$$\tan \varphi_K = \frac{dy}{dx}$$

$$\tan \varphi_K = \frac{d}{dx}\left[\frac{4f}{l^2}x(l-x)\right] = \frac{4f}{l^2}(l-2x)$$

当 K 点处 $x = 5m$ 时：

$$y_K = \left[\frac{4f}{l^2}x(l-x)\right]_{x=5} = \frac{3}{8}$$

$$\tan \varphi_K = \left[\frac{4f}{l^2}(l-2x)\right]_{x=5} = 0.312\ 5$$

$$\varphi_K = 17°21'$$

$$\sin \varphi_K = \sin 17°21' = 0.298\ 2$$

$$\cos \varphi_K = \cos 17°21' = 0.955\ 1$$

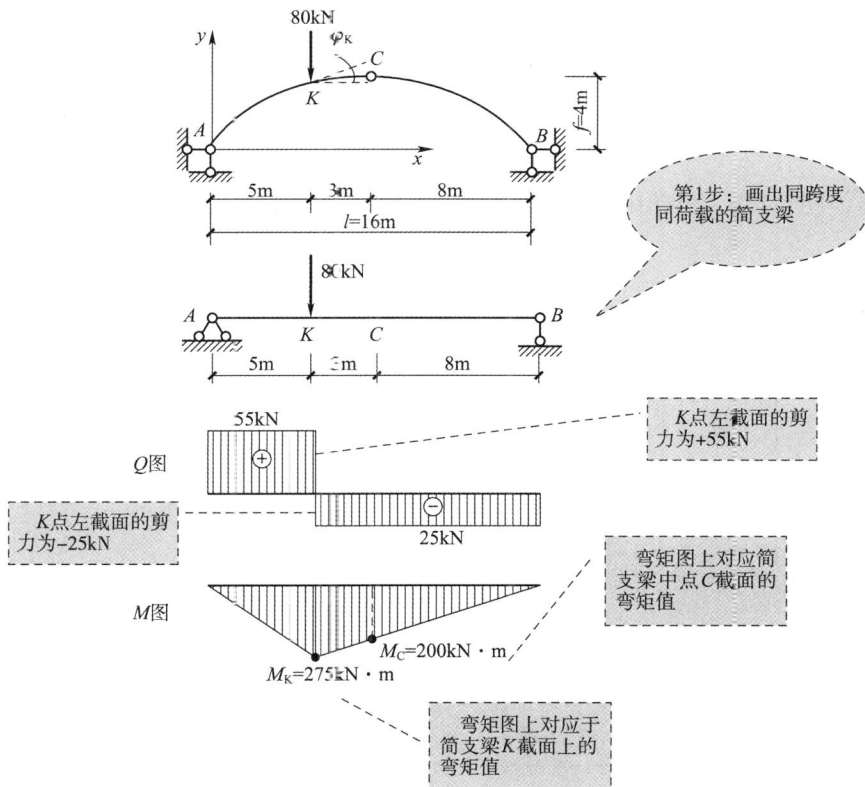

图 8-14

第 3 步：计算三铰拱 K 截面的内力。

$$M_K = M_K^0 - Hy_K = 275 - 50 \times \frac{3}{8} = 256.25 \, (\text{kN} \cdot \text{m})$$

$$Q_{K左} = Q_{K左}^0 \cos 17°21' - H\sin 17°21'$$

$$= 55 \times 0.955\,1 - 50 \times 0.298\,2 = 37.62 \, (\text{kN})$$

$$Q_{K右} = Q_{K右}^0 \cos 17°21' - H\sin 17°21'$$

$$= 55 \times 0.955\,1 - 50 \times 0.298\,2 = -40.787\,5 \, (\text{kN})$$

$$N_{K左} = Q_{K左}^0 \sin 17°21' + H\cos 17°21'$$

$$= 55 \times 0.298\,2 + 50 \times 0.955\,1 = 64.156 \, (\text{kN})$$

$$N_{K右} = Q_{K右}^0 \sin 17°21' + H\cos 17°21'$$

$$= -25 \times 0.298\,2 + 50 \times 0.955\,1 = 40.298 \, (\text{kN})$$

8. 试计算图 8-15 所示桁架中指定杆件的内力。（见主教材习题 8-6）

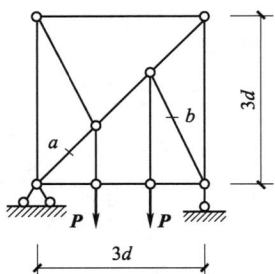

图　8-15

解：第 1 步：取桁架整体为研究对象，列平衡方程求支座反力。

$$\sum M_A = 0, \quad V_B \times 3d - P \times 2d - P \times d = 0$$

$$\sum Y = 0, \quad V_A + V_B - 2P = 0$$

解得：
$$V_B = P(\uparrow), \quad V_A = P(\uparrow)$$

第 2 步：判断零杆。桁架中有 5 根零杆，如图 8-16 所示。

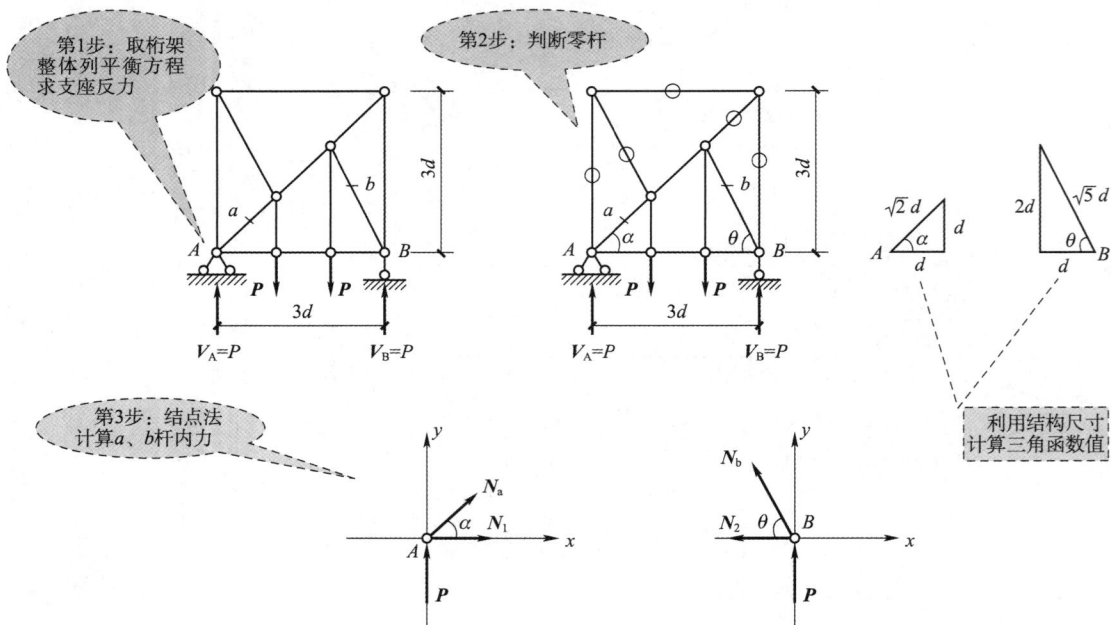

图　8-16

第 3 步:利用结点法分别计算 a、b 杆的内力。

(1)以 A 铰为研究对象,受力如图 8-16 所示,根据结构三角形可知 $\alpha = 45°$。

$$\sum Y = 0, \quad P + N_a \sin\alpha = 0$$

解得:

$$N_a = -\frac{P}{\sin\alpha} = -\frac{P}{\sin 45°} = -\sqrt{2}P(压力)$$

(2)以 B 铰为研究对象,受力如图 8-16 所示,根据结构三角形可知 $\sin\theta = \frac{2\sqrt{5}}{5}$。

$$\sum Y = 0, \quad P + N_b \sin\theta = 0$$

解得:

$$N_b = -\frac{P}{\sin\theta} = -\frac{P}{\frac{2\sqrt{5}}{5}} = -\frac{2\sqrt{2}}{5}P(压力)$$

四、自测题及答案

1.填空题

(1)无多余约束的几何不变体系称为_____结构。

(2)三刚片用不在一条直线上的铰两两相连,组成的体系一定_____。

(3)轴线为曲线,在竖向荷载作用下支座处有水平推力的结构称为_____。

(4)拱是一种轴线为曲线的推力结构,其内力以_____为主。由于推力的存在,拱需要有较为坚固的_____或_____。

(5)从几何构造上看,多跨静定梁可分为_____部分和_____部分。

(6)工程中常见的预应力混凝土连续梁桥具有整体性能好、结构_____大、_____小和抗震性好的特点。

2.选择题

(1)两刚片用不在一条直线上的一个铰和一根链杆相连,组成的体系一定是(   )。

　　A.几何可变　　　　B.几何不变　　　　C.几何瞬变　　　　D.静定结构

(2)有多余约束的几何不变体系称之为(   )。

　　A.超静定结构　　　B.几何不变　　　　C.几何瞬变　　　　D.几何可变

(3)图 8-17 所示体系的几何性质是(   )。

　　A.几何不变,无多余约束体系

　　B.几何不变,有多余约束体系

　　C.几何常变体系

　　D.几何瞬变体系

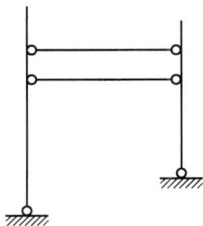

(4)在图 8-18 所示的桁架上零杆的数目分别为:

①图 8-18a)中有(   )根零杆;

②图 8-18b)中有(   )根零杆。

图　8-17

　　A.3;4　　　　　　B.4;3　　　　　C.6;4　　　　　D.5;2

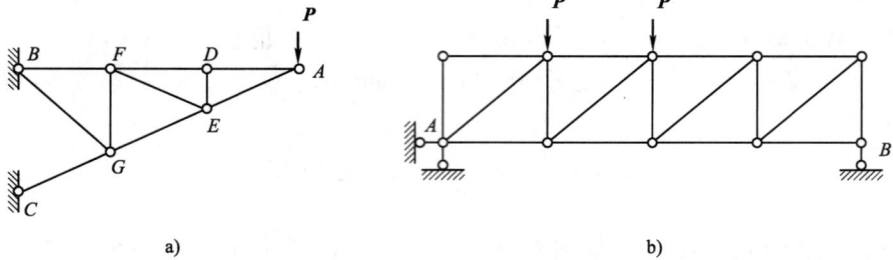

a)   b)

图 8-18

3. 简答题

对图 8-19 所示体系作几何组成分析。

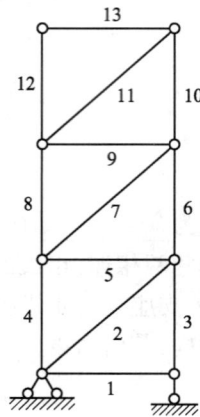

图 8-19

4. 作图题

试作图 8-20 所示静定多跨梁的弯矩图和剪力图。

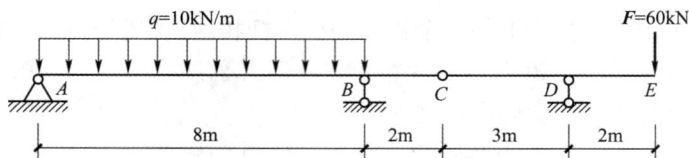

图 8-20

参考答案：

1. 填空题

（1）静定

（2）几何不变

（3）拱

（4）轴向压力；基础；支承结构

(5)基本;附属

(6)刚度;变形

2.选择题

(1)B; (2)A; (3)A; (4)B

3.简答题

用逐个拆除二元体的方法,该体系为无多余约束的几何不变体系。

4.作图题

剪力图、弯矩图见图8-21。

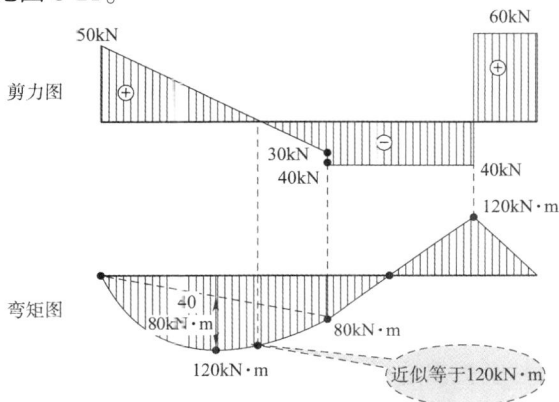

图 8-21

五、阅读材料

十七孔桥是几何不变的吗?

位于北京市西郊颐和园内的十七孔桥是我国古代桥梁建筑的杰作(图8-22)。它是连接昆明湖东岸与南湖岛的一座长桥。建于清乾隆年间(1736—1795年),是园内最大的石桥。桥由17个桥洞组成,长150m,宽8m,飞跨于东堤和南湖岛,状若长虹卧波。其造型兼有北京卢沟桥、苏州宝带桥的特点。桥上石雕极其精美,每个桥栏的望柱上都雕有神态各异的狮子,大小共544个。两桥头还有石雕异兽,十分生动。十七孔桥上所有匾联,均为清乾隆皇帝所撰写。桥额北面书"灵兽偃月",南面书"修炼凌波",蕴涵着深厚的文化底蕴,具有极高的美学价值、学术价值和使用价值。

图 8-22

十七孔桥是几何不变体系吗?我们先来看看图8-23a)、b)、c)所示的三个体系。

图 8-23a）是三铰拱，它是几何不变的，没有多余约束。

图 8-23b）这一体系不妨称为"两跨五铰拱"，将中间的刚片视为约束对象，它与地基以"链杆"1、2 和 3 相连（这里将杆 1 和 3 也称为链杆，是因为一根杆件无论是曲杆还是直杆，只要它仅在其两端与体系的其余部分铰接，都可以看作链杆）。由体系的对称性可知，这三根链杆交于一点，因此体系几何可变（瞬变）。

图 8-23c）是"三跨七铰拱"，将中间两个刚片和地基视为约束对象，链杆 1、2、3、4 分别相当于两个虚铰，这两个虚铰和另一个实铰（铰 F）并不共线，因此，它是一个几何不变且没有多余约束的体系。

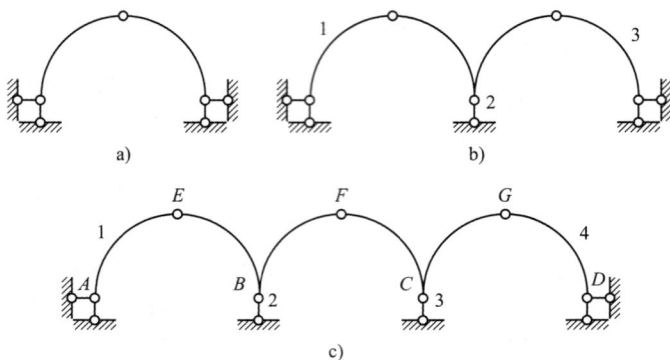

图 8-23

爱动脑筋的读者很自然会提出这样一个问题：对按以上规律形成的、有 $2n+1$ 个铰的 n 跨拱式体系（图 8-24）进行几何组成分析，将会得出怎样的结论呢？如果颐和园的十七孔桥采用的也是这样的体系，它是几何不变的还是几何可变的呢？

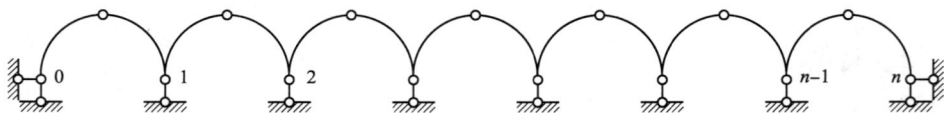

图 8-24

根据上面"不变—可变—不变"交替出现的分析结果，读者自然地会产生这样一个猜想：当 n 为奇数时，体系几何不变，且没有多余约束；当 n 为偶数时，体系几何可变（瞬变）。因此，十七孔桥采用这样的体系是没有问题的。

当 $n>3$ 时，相应连拱体系的几何组成已不能用基本规则进行分析。但是，无论拱的跨数 n 等于多少，体系的计算自由度都是零[n 跨中有 $n+1$ 个刚片，n 个顶铰和 $n+3$ 根支杆，$W=3(n+1)-2n-(n+3)=0$]，因而都可以用零载法来判断其是不是几何可变。

假设各跨度相等。为简便起见，下面只对各跨均为半圆拱（高跨比为 $1:2$）的情况用零载法进行分析。

参考图 8-23c）。设在零荷载条件下，左右两个边支座的水平推力为 H。取顶铰 E 左边部分为隔离体，由平衡条件 $\sum M_E=0$，可得 $V_A=H(\uparrow)$；其次，取顶铰 F 左边的部分为隔离体，由 $\sum M_F=0$，可得 $V_B=2H(\downarrow)$；依此类推，各内部支座的竖向反力从左向右依次为：$2H(\downarrow)$、$2H$

（↑）…，即数值为 $2H$ 而方向交替改变。同理，从右向左，第一个支座（边支座）的竖向反力为 H（↑），内部支座的竖向反力依次为 $2H$（↓）、$2H$（↑）…。

当 n 为奇数时，以上按不同方向分析所得的结论是相互矛盾的。仍以图 8-23c）的三跨拱为例。从左向右分析，有 $V_B=2H$（↓），$V_C=2H$（↑），而从右向左分析，则有 $V_C=2H$（↓），$V_B=2H$（↑），因此，只有当 $H=0$，从而所有的反力和内力都等于零时，才能满足所有的平衡条件。当 n 为其他奇数时，从左向右与从右向左分析所得的内部支座的竖向反力的方向也是完全相反的，因此，只有让所有的反力和内力都等于零，才能满足平衡条件。所以，当 n 为奇数时，体系是几何不变的。

当 n 为偶数时，结构中有一个内部支座正好位于对称轴上（称为"轴支座"），因而奇数跨情况下的矛盾不会出现。下面分两种情况讨论，仍设边支座的水平推力为 H。

（1）若 $n=4k$（$k=1,2,3\cdots$），则边支座竖向反力为 H（↑），轴支座竖向反力为 $2H$（↑），边支座与轴支座的竖向反力的合力为 $4H$（↑）；除轴支座外，余下内部支座有奇数对，它们的竖向反力的合力为 $4H$（↓），正好与边支座及轴支座的竖向反力平衡。

（2）若 $n=4k-2$（$k=1,2,3\cdots$），则边支座竖向反力为 H（↑），轴支座竖向反力为 $2H$（↓），边支座与轴支座的竖向反力的合力为 0；余下中间支座有偶数对，它们的竖向反力的合力也为 0。

综合以上分析可见，只要 n 为偶数，则结构在零荷载条件下存在非零的反力和内力是允许的，因而体系是几何可变的。

对于高跨比为其他值的情况，分析过程是类似的，结论是相同的。在各跨度不等的情况下，只要连拱体系在整体上是对称的（颐和园十七孔桥就属于这种情况），也可以用类似的方法得出相同的结论。

我们知道，三铰拱在竖向荷载作用下对支座产生水平推力。如果将一系列相同的三铰拱"串联"起来，如图 8-23b）、c）和图 8-24 所示，则在内部支座处因为"左右两边的水平推力相互抵消"，似乎没有必要设置水平支杆。从上面的分析可知，这一想法并不总是正确的。在偶数跨的情况下，即使各跨都受相同的对称荷载作用，从而在内部支座处两边的水平推力确实可以相互抵消，这种平衡是不稳定的。

本例说明，在结构体系设计中，将某些特殊情况下的结论简单地加以推广可能是危险的。例如，从图 8-23c）所示的三铰拱的几何不变性结论出发，如果认为类似的任意跨的连拱体系都是几何不变的，就有可能导致灾难性的后果。

材料来源：单强《趣味结构力学》1.5

课题九
SUBJECT NINE

移动荷载作用下结构的内力分析

一、学习目标

（1）能够熟练地绘制单跨静定梁的反力、内力影响线。

（2）能够绘制间接荷载作用下的主梁影响线。

（3）会利用影响线计算固定荷载作用下梁的某一量值。

（4）能够利用影响线确定结构最不利荷载位置。

（5）能够确定简支梁的绝对最大弯矩。

二、重难点与学习建议

1. 重难点

（1）影响线是研究移动荷载下结构的内力和位移的基本工具。即针对某一个控制截面，根据影响线可以确定移动荷载的最不利布置，同时确定该截面内力的最大值。这个值与其他荷载引起的内力组合后可作为截面设计的依据。对于桥梁、起重机梁等经常承受移动荷载作用的结构，设计时必须考虑荷载的移动效应。

（2）影响线为反映单位竖向移动荷载 $P=1$ 作用下某量值变化规律的图形。它反映结构的某一量值（指某个支座反力，某一截面的内力等）随单位荷载 $P=1$ 位置改变而改变。

（3）内力影响线与内力图的区别：内力影响线表示某一指定截面的某一内力值（弯矩、剪力或轴力）随单位荷载 $P=1$ 位置改变而变化的规律；内力图表示结构在某种固定荷载作用下各个截面的某一内力的分布规律。

（4）静力法是绘制影响线的最基本方法。它是根据分离体的平衡条件列出影响线方程，再用图线表示出来。要注意影响线方程的分段方法，正确地画出各种单跨梁的影响线。为了快速绘制影响线，一般要求熟记简支梁的影响线图形。

（5）经结点传递荷载的主梁影响线的特点是：

①在结点处的数值与直接荷载作用下的影响线相同。

②在相邻结点之间,影响线是一条直线。

(6)在间接荷载作用下,结构主梁上某量值的影响线的作法是:

①先作直接荷载作用下该量值的主梁影响线。

②标出所有结点在影响线上的纵坐标值。

③最后将相邻的结点竖标用直线依次连接成直线即可。

(7)影响线的应用有两个方面。一是计算各种固定荷载产生的量值。固定集中荷载产生的量值为 $S = \sum P_i y_i$,固定均布荷载产生的量值为 $S = q\omega$。二是用来确定移动荷载的最不利荷载位置,从而计算出量值的最大值。

(8)我国现行的汽车荷载分为公路—Ⅰ级和公路—Ⅱ级两个等级。汽车荷载由车道荷载和车辆荷载组成。

2.学习建议

查询最新行业规范,获取移动荷载的相关规定;当荷载作用在结构不同位置时,分析某个特定位置内力的变化;理解最不利荷载位置对于结构计算的重要性,并利用"影响线"工具对最不利荷载位置进行分析。

三、习题解析

1.影响线与内力图的区别是什么? 影响线和内力图上任一点的横坐标和纵坐标各代表什么意义? 图9-1a)表示一简支梁的弯矩图,图9-1b)为简支梁 C 截面的弯矩影响线,两者形状及竖标均完全相同,试指出图中 y_1 和 y_2 各自代表的具体意义。(见主教材复习思考题9-2)

解:答案见图9-1。

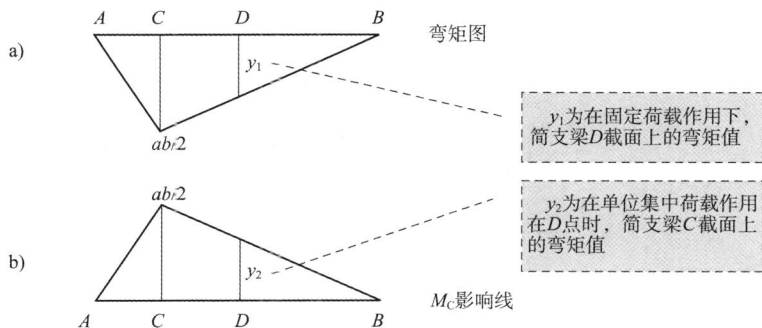

图 9-1

2.影响线的应用条件是什么?

解:影响线应用的相关公式都是基于叠加原理,因此,应用条件是线弹性结构。

3.某组移动荷载下简支梁绝对最大弯矩与跨中截面最大弯矩有多大差别?

解:有计算结果表明,两者相差 1.3% 左右。

4.在什么样的移动荷载作用下,简支梁的绝对最大弯矩与跨中截面最大弯矩相同?

解:当移动荷载仅为一个单位集中力时,简支梁的绝对最大弯矩与跨中截面最大弯矩相同。

5.试作图9-2所示悬臂梁的反力 V_A、H_A、M_A 及内力 Q_C、M_C 的影响线。(见主教材习题9-1)

解:作图提示如图9-2所示。

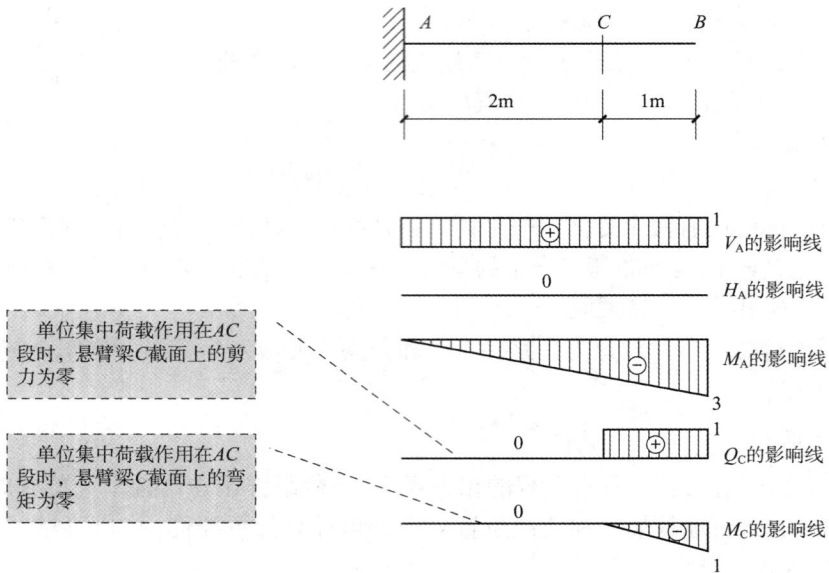

图 9-2

6. 试作图9-3所示外伸梁中 R_B、M_C、Q_C、M_B、$Q_{B左}$、$Q_{B右}$ 的影响线。（见主教材习题9-2）

解：作图提示如图9-3所示。

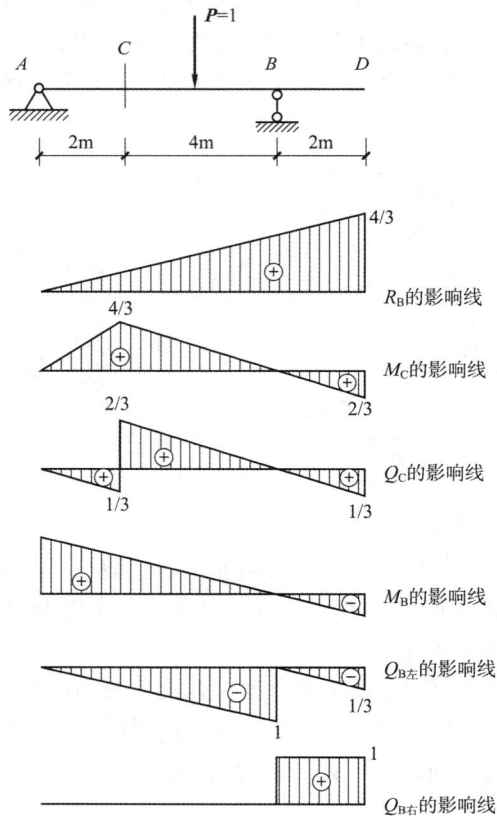

图 9-3

7. 试作图 9-4 所示主梁下列量值的影响线：R_B、Q_D、$Q_{C左}$、$Q_{C右}$。（见主教材习题9-3）

解：作图提示如图 9-4 所示。

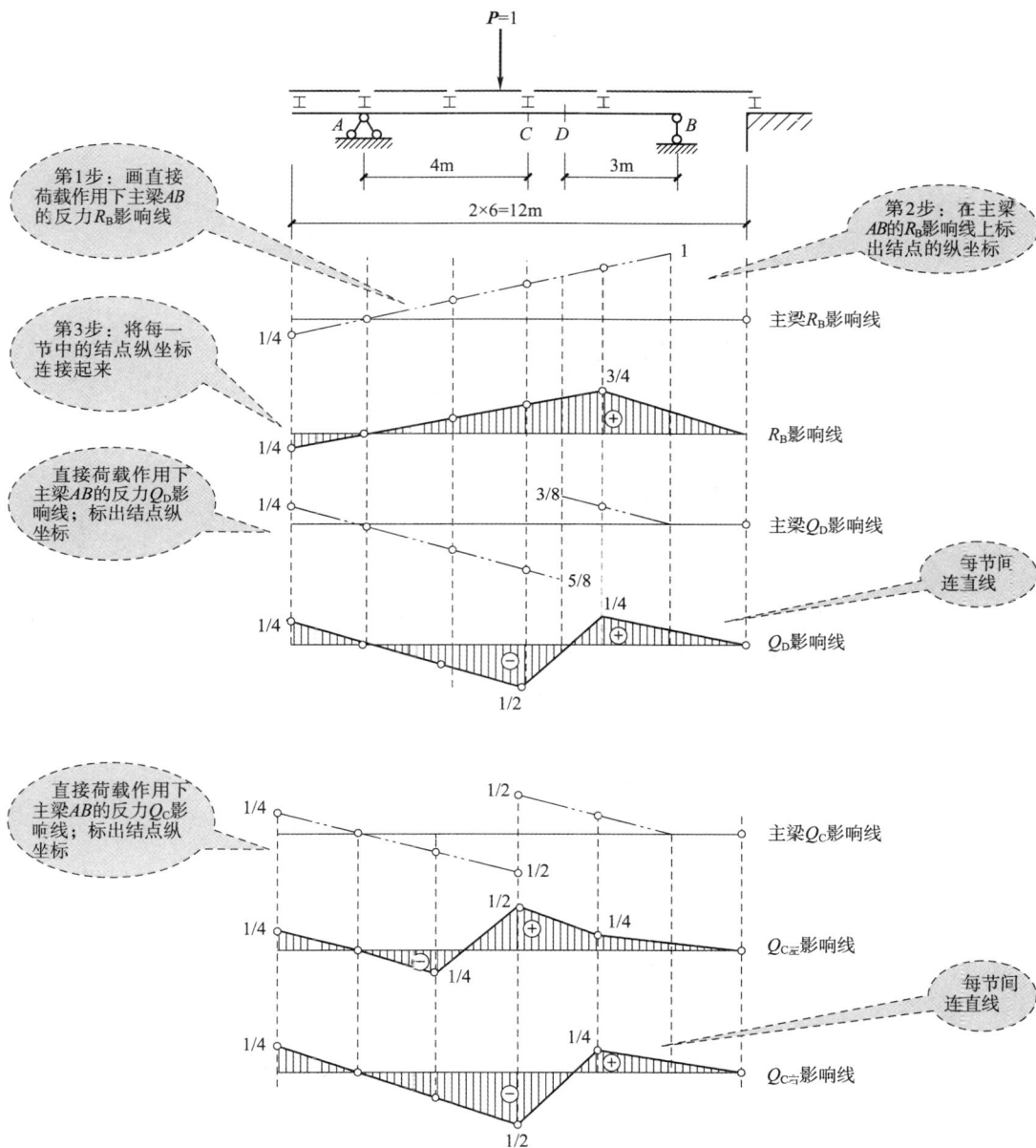

第1步：画直接荷载作用下主梁 AB 的反力 R_B 影响线

第2步：在主梁 AB 的 R_B 影响线上标出结点的纵坐标

第3步：将每一节中的结点纵坐标连接起来

直接荷载作用下主梁 AB 的反力 Q_D 影响线；标出结点纵坐标

每节间连直线

直接荷载作用下主梁 AB 的反力 Q_C 影响线；标出结点纵坐标

每节间连直线

主梁 R_B 影响线

R_B 影响线

主梁 Q_D 影响线

Q_D 影响线

主梁 Q_C 影响线

$Q_{C左}$ 影响线

$Q_{C右}$ 影响线

图　9-4

8. 试求图9-5所示简支梁在公路—Ⅰ级荷载作用下 C 截面的弯矩、剪力最大值。（见主教材习题9-4）

解：公路—Ⅰ级：$L = 50\text{m}$，$P_k = 360\text{kN}$，$q_k = 10.5\text{kN/m}$。

$$M_{\max} = 10.5 \times \frac{1}{2} \times 50 \times 12.5 + 360 \times 12.5 = 7\ 781.25(\mathrm{kN \cdot m})$$

$$Q_{\max} = 360 \times \frac{1}{2} \times 1.2 + 10.5 \times \frac{1}{2} \times 25 \times \frac{1}{2} = 281.625(\mathrm{kN})$$

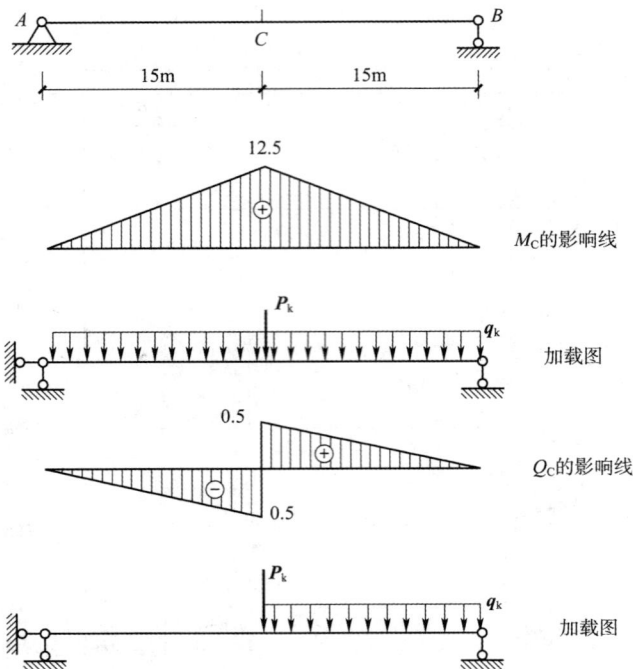

图 9-5

四、自测题及答案

1. 填空题

（1）根据影响线的定义，图 9-6 所示简支梁 C 截面的弯矩影响线在 C 点的纵坐标为_____。

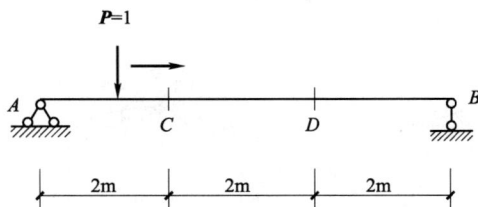

图 9-6

（2）我国《公路工程技术标准》（JTG B01—2014）中规定：汽车荷载分为公路—Ⅰ级和公路—Ⅱ级两个等级。汽车荷载由_____荷载和_____荷载组成。

（3）结点荷载作用下的主梁影响线，在相邻结点之间影响线都是_____线。

（4）移动荷载使某一量值发生最大（或最小）值的位置，称为_____位置。

2.计算作图题

（1）试画出图9-7中的外伸梁 C 截面的弯矩影响线和 D 截面的剪力影响线。

（2）试利用影响线，求图9-8所示结构在图示固定荷载作用下量值 M_C 的大小。

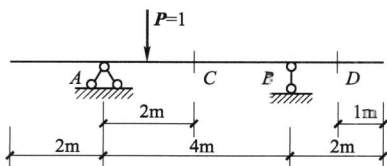

图　9-7

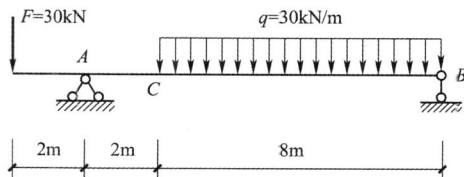

图　9-8

参考答案：

1.填空题

（1）3/4

（2）车道；车辆

（3）直

（4）最不利荷载

2.计算作图题

（1）影响线见图9-9。

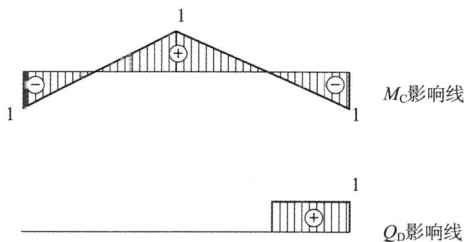

图　9-9

（2）$M_C = 144 \text{kN} \cdot \text{m}$。

五、阅读材料

模板支架发生坍塌的技术原因分析

1.受压构件稳定性问题

分析：发生坍塌的原因，从技术角度来讲：脚手架结构模板支架之所以会发生坍塌破坏，主要是因为出现了以下两种情况之一，或者二者兼而有之：一是架体或其杆件、节点实际受到的荷载作用超过了其实际具有的承载能力，特别是稳定承载能力；二是架体由于受到了不应有的荷载作用（如侧力、扯拉、扭转、冲砸等），或者架体发生了不应有的设置与工作状态变化（如倾斜、滑移和不均衡沉降等），导致发生非原设计受力状态的破坏。

2. 影响钢管脚手架稳定性的主要因素

（1）步距（水平杆的间距）。在其他条件相同时，步距变化对脚手架承载能力影响很大。脚手架的承载能力随步距加大而降低，当步距由 1.2m 增加到 1.8m 时，临界荷载将下降26% ~ 29%。

分析：当步距增大，在考虑稳定性时，相当于增加了立杆的计算长度，由欧拉公式 $P_{cr} = \dfrac{\pi^2 EI}{(\mu l)^2}$ 可知，当 l 越大时，临界荷载 P_{cr} 就会越小，稳定性就会越差。

（2）扣件的紧固程度。扣件的紧固程度标准为 40 ~ 50N·m。当扣件的紧固扭矩为 30N·m 时，将比 50N·m 的临界荷载降低20%；但当达到 50N·m 时，再增加扣件的紧固程度，脚手架的承载能力则提高很小。这说明紧固程度达到一定数值后，再增加扣件扭矩，对提高脚手架承载的影响已经很小。

分析：扣件的紧固程度直接影响到立杆两端的约束情况，欧拉公式 $P_{cr} = \dfrac{\pi^2 EI}{(\mu l)^2}$ 中的 μ 直接反映了压杆两端的约束情况，约束越紧，μ 值取得越小，临界荷载 P_{cr} 就越大，稳定性就越好。但是在计算临界荷载时 μ 最少取值到 0.5（即两端可简化成固定端约束），所以当紧固程度到一定数值后，对稳定性的影响就不大了。

（3）横向支撑（剪刀撑）。设置横向支撑比不设置横向支撑其临界荷载提高 15%。

分析：当脚手架到一定的高度后，必须设置横向支撑（剪刀撑），以此来保证整体的稳定性。

（4）钢管的质量。规范要求承重架钢管为壁厚 3.5mm，如果所用钢管壁厚过薄必将影响脚手架的承载能力。

分析：当钢管壁厚不符合要求后，使得钢管横截面面积变小，从而导致工作压应力过大，超过临界应力。

（5）安装质量。安装不规范包括支架欠高、垂直不符合规范要求等；支架剪刀撑的斜杆夹角有的不符合规范要求，相当一部分斜杆没有做到与每一杆扣紧；支架的碗扣松动、没有锁紧，个别的地方可能没有连上碗扣。

分析：立杆不垂直，致使立杆从轴心受力变成偏心受力，立杆处于不利受力状态，容易失稳；支架剪刀撑的斜杆夹角应该为 45° ~ 60°，这种角度可保证整个结构的稳定性。支架碗扣的松紧度也直接影响立杆两端的约束情况。

材料来源：二级建造师考试题库

课题十
SUBJECT TEN
超静定结构的内力分析

一、学习目标

（1）会运用叠加法计算静定梁的位移。

（2）会用力法计算单跨超静定梁的内力。

（3）会计算分配系数和杆端弯矩。

（4）能够运用力矩分配法解连续梁。

（5）能够运用图乘法计算静定梁和静定刚架的位移。

二、重难点与学习建议

1. 重难点

1）确定超静定次数

超静定次数等于多余约束数。

2）超静定结构特性

（1）几何组成特性：超静定结构是具有多余约束的几何不变体系。静定结构的某个约束遭到破坏，就会变成几何可变体系，不能再承受荷载。而当超静定结构的某个多余约束遭到破坏时，结构仍然为几何不变体系，仍能承受荷载。因此，超静定结构具有较强的抵抗破坏的能力。

（2）静力学特性：超静定结构只用静力平衡方程无法解出全部约束反力和内力，还必须考虑其他条件。

（3）支座移动或温度改变也能引起超静定结构的内力，但对静定结构的内力无影响。

（4）超静定结构的内力与结构的材料性质及杆件的截面尺寸有关（EI、EA），但静定结构内力只与对外荷载有关。

（5）超静定结构比静定结构具有更大的刚度。

（6）在局部荷载作用下，超静定结构的内力分布比静定结构均匀。

3）图乘法

它是计算梁和刚架在荷载作用下位移的基本方法。

应用图乘法计算梁和刚架的位移必须满足下列三个条件：

（1）EI 为常数。

（2）杆轴为直线。

（3）M_P 或 $\overline{M}$ 两个弯矩图中，至少有一个为直线图形。

图乘公式为：

$$\Delta_{kP} = \sum \frac{\omega y_C}{EI}$$

式中：Δ_{kP}——在荷载作用下某截面 k 点的待求位移（线位移、角位移等）；

   ω——M_P（或 $\overline{M}$）图形的面积；

   y_C——图形 M_P（或 $\overline{M}$）形心所对应的 $\overline{M}$（或 M_P）图形的纵标；

   $\sum$——各杆件的图乘求和或同一杆件不同杆段的图乘求和。

面积和对应的形心纵坐标在杆轴的同侧，相乘结果取正号，反之取负号。

4）力法计算原理

力法的基本思路：撤掉多余约束，以相应的多余未知力来代替，得到的静定结构称为力法的基本结构。然后设法解出多余未知力，这样就把超静定结构转换为静定结构来计算。

选取基本结构的原则：在原结构中撤掉全部多余约束，且注意保证为几何不变体系。力法中，可以用不同方式去掉多余约束得到不同的基本结构，一般选择内力和位移容易计算的静定结构。

5）力法解超静定结构的一般步骤

（1）选择基本结构。

（2）建立力法方程。

（3）画出荷载弯矩图和单位弯矩图。

（4）计算力法方程中的系数和自由项，解方程。

（5）利用叠加法得到结构的弯矩图。

6）超静定结构计算方法的选择

力法——各类超静定结构，应用难度与超静定次数有关。

位移法——连续梁及刚架为主，应用难度与结点位移数目有关。

力矩分配法——连续梁及无侧移刚架，应用难度与刚结点数目有关。

为了方便应用以上三种方法解题，一般要熟记典型单跨超静定梁的杆端弯矩（见主教材表10-4-1）。

7）杆端弯矩的符号规定

杆端弯矩以顺时针为正，结点力偶荷载及转动约束中的约束力矩以顺时针为正。

2. 学习建议

学会超静定结构计算的关键是学会位移计算；通过绘制简单超静定结构的内力图，分析超静定结构的内力分布特点。

三、习题解析

1. 何谓挠度？何谓转角？何谓挠曲线？它们之间有何关系？（见主教材复习思考题10-1）

解：挠度和转角是指梁弯曲时某一截面的线位移和角位移，是弯曲变形的指标。

挠度——梁任一横截面的形心沿 y 轴方向产生的线位移。通常用 y 表示,并规定向下为正,向上为负。单位与长度单位一致。

转角——梁任一横截面在梁变形后相对于原来位置绕中性轴转过一个角度,称为该截面的转角,通常用 θ 表示,并规定顺时针转向为正,逆时针转向为负。单位为弧度(rad)。

挠度与转角的关系是:

$$\theta = \frac{\mathrm{d}y}{\mathrm{d}x}$$

2.对于静定结构,有变形是否一定有内力?有位移是否一定有变形?(见主教材复习思考题10-2)

解:有变形一定会有内力。但也有内力为零的情况。当静定结构的支座发生位移时,该结构没有内力。当静定结构的任一截面发生位移时,该结构有内力。

3.若 δ_{12} 表示点 2 加单位力引起点 1 的转角,那么 δ_{21} 代表什么含义?(见主教材复习思考题10-3)

解:δ_{21} 表示在点 1 加单位力引起点 2 产生的位移。

4.何谓超静定次数?解除多余约束有哪几种方法?(见主教材复习思考题10-5)

解:超静定次数 = 多余约束数。解除多余约束的方法有以下几种:

(1)去掉一个支座链杆或切断一个链杆,相当于去掉一个约束。

(2)去掉一个固定铰支座,或拆除一个单铰,相当于去掉两个约束。

(3)在刚性连接处切断(即切断一个连续杆),或去掉一个固定端支座,相当于去掉三个约束。

(4)加铰法:即将两个杆的刚结变成铰接,或者在连续杆上加一个单铰,相当于去掉一个约束。

5.用力法求解超静定结构的基本思路是什么?(见主教材复习思考题10-6)

解:解除多余约束,将原结构转换成静定结构,然后列出位移限制条件即位移方程求解未知的多余约束力。

6.力矩分配法适用于什么样的结构?(见主教材复习思考题10-13)

解:力矩分配法适用于连续梁及无侧移刚架,应用难度与刚结点的数目多少有关。

7.用叠加法求图 10-1 所示简支梁的最大挠度 y_{max}。(见主教材习题10-1)

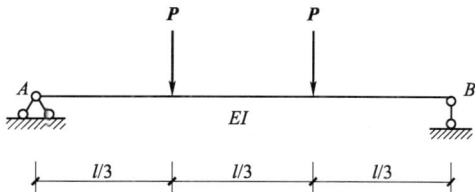

图　10-1

解:查简单荷载作用下梁的挠度(主教材表10-2-1),序号第 7 号简支梁承受一个集中力的计算公式。根据变形连续性原理,两个集中力对称分布在梁上时最大挠度发生在梁的中点处。可以分别计算每一个 P 力单独作用时,在 $x = l/2$ 处的挠度,然后叠加。

8. 用图乘法求图 10-2 中指定截面 C 的线位移 Δ_{Cy}。（见主教材习题 10-2）

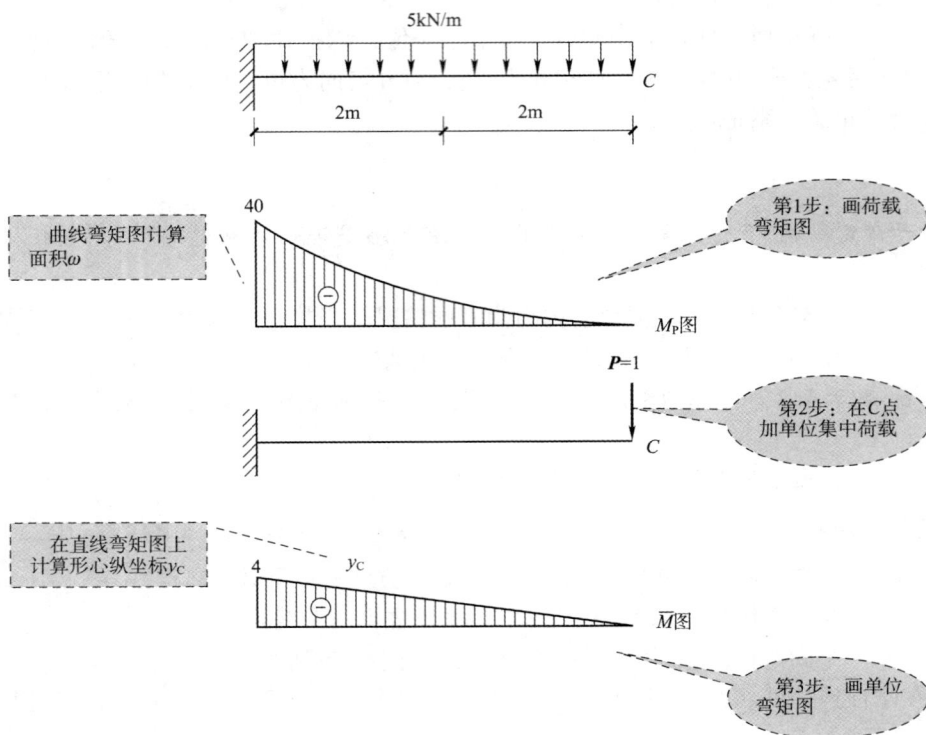

图　10-2

解：第 1 步：画荷载弯矩图。是画出该悬臂梁受均布荷载作用的弯矩图。

第 2 步：加单位荷载。求 C 点的线位移 Δ_{Cy}，则应在 C 点加一个竖向单位集中荷载 $P=1$。

第 3 步：画单位集中荷载 $P=1$ 作用的弯矩图。

第 4 步：应用图乘法公式计算 C 点的线位移 Δ_{Cy}。如图 10-2 所示，根据图乘公式中的形心纵坐标 y_C 只能在直线图形上取值的条件，面积 ω 由 M_P 计算，与面积 ω 的形心相对应的 y_C 在单位弯矩图中取。

$$\omega = \frac{1}{3} \times 4 \times 40; \qquad y_C = \frac{3}{4} \times 4 = 3\,(\mathrm{m})$$

$$\Delta_{Cy} = \sum \frac{\omega\, y_C}{EI} = \frac{160}{EI}(\downarrow)$$

9. 用解除约束法确定图 10-3 所示结构的超静定次数，并选取基本结构。（见主教材习题 10-3）

解：答案见图 10-3。

10. 试用力法作图 10-4 所示超静定梁的内力图，设 $EI=$ 常数。[见主教材习题 10-4 图 a)]

解：答案见图 10-4。

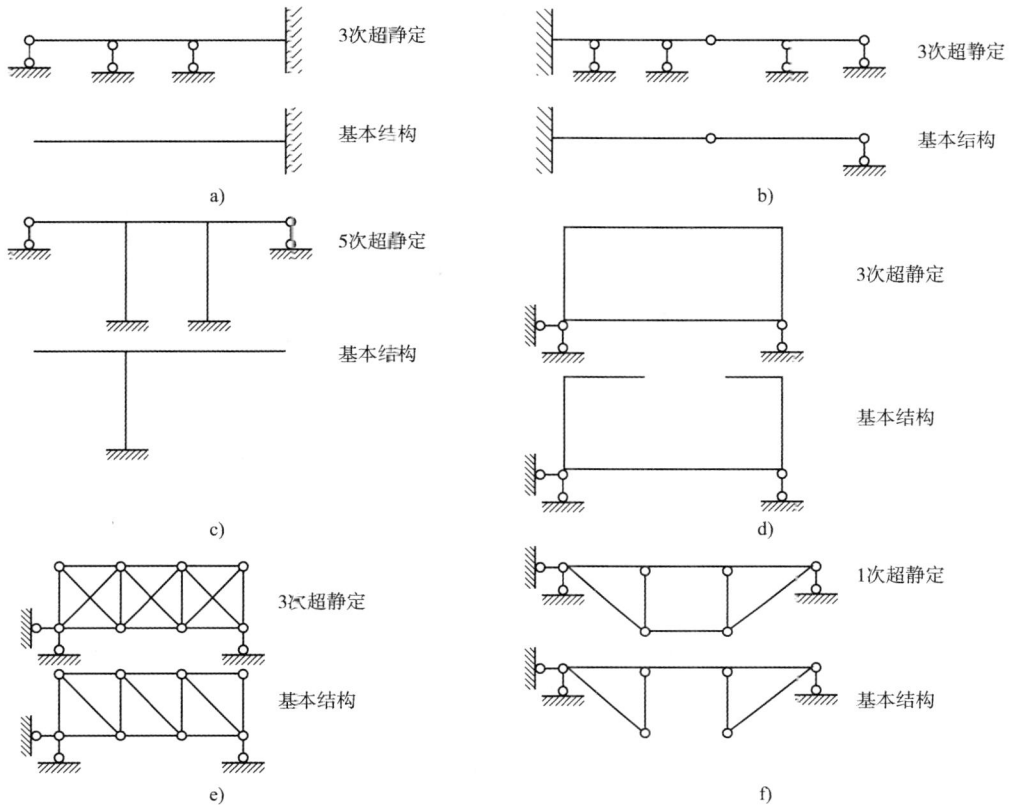

图 10-3

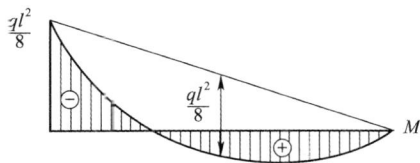

图 10-4

11.试用力法作图10-5所示超静定梁的内力图,设 $EI=$ 常数。[见主教材习题10-4图 b)]

解:第1步:选取基本结构。解除 B 点支座链杆,加单位集中力 X_1,为一次超静定结构。

第2步:列力法典型方程。

$$\delta_{11}X_1 + \Delta_{1P} = 0$$

第3步:画荷载弯矩图和单位弯矩图,设 $X_1 = 1$。

第4步:计算系数和自由项。

$$\delta_{11} = \frac{1}{EI}\left(\frac{1}{2} \times l \times l \times \frac{2}{3}l\right) = \frac{l^3}{3EI}$$

$$\Delta_{1P} = -\frac{1}{EI}\left(\frac{l}{2} \times M \times \frac{3}{4}l\right) = -\frac{3Ml^2}{8EI}$$

$$X_1 = -\frac{\Delta_{1P}}{\delta_{11}} = \frac{\dfrac{3}{8EI}l^2}{\dfrac{l^3}{3EI}} = \frac{9l}{8M}(\uparrow)$$

第5步：画弯矩图，见图10-5。

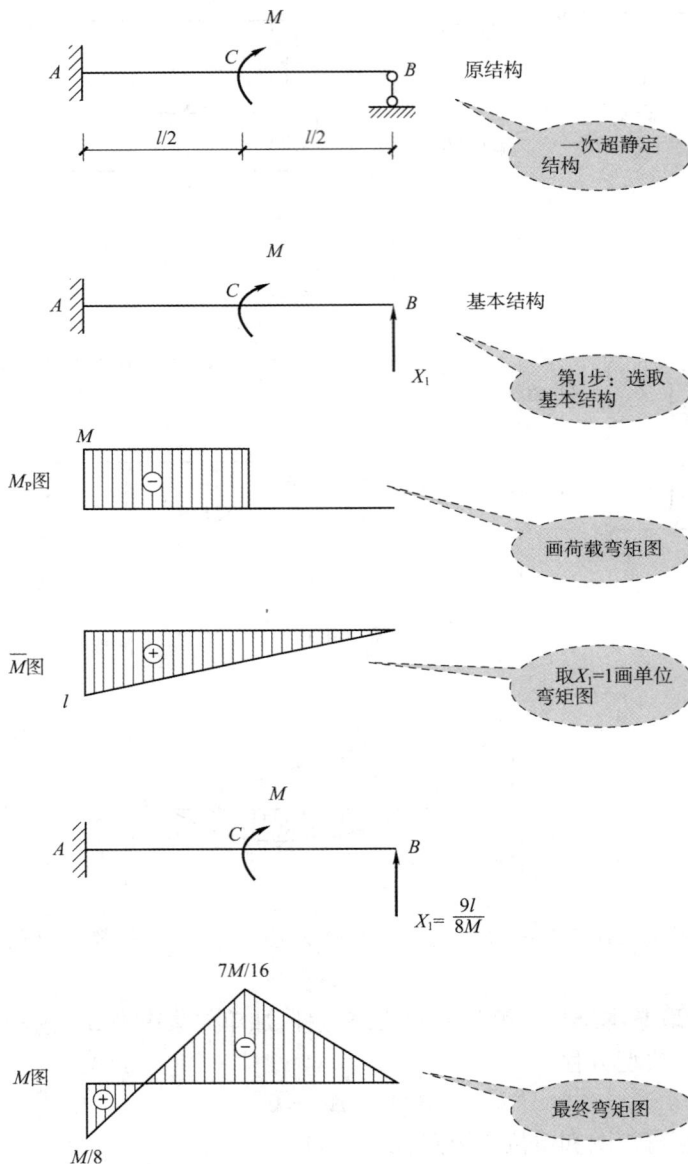

图 10-5

12. 试用力法作图 10-6 所示刚架的内力图，$EI=$ 常数。［见主教材习题 10-5 图 a)］

解： 解题思路和答案见图 10-6。

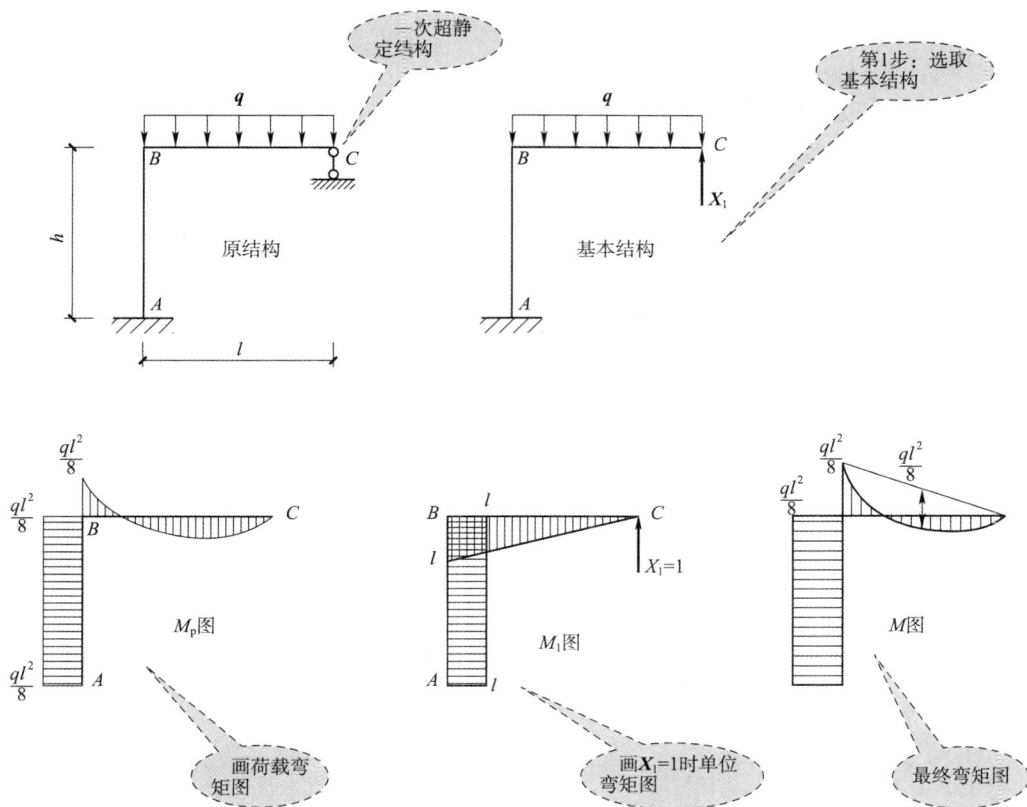

图 10-6

13. 试用力法作图 10-7 所示刚架的内力图，$EI = $ 常数。[见主教材习题 10-5 图 b)]

解：第 1 步：选取基本结构。解除 B 点支座水平链杆，加单位集中力 X_1，为一次超静定的简支刚架结构。

第 2 步：列力法典型方程。列一元一次力法方程。

$$\delta_{11}X_1 + \Delta_{1P} = 0$$

第 3 步：画荷载弯矩图和单位弯矩图（图 10-7），设 $X_1 = 1$。

第 4 步：计算系数和自由项。

$$\delta_{11} = \sum \frac{\omega \, y_C}{EI} = \frac{1}{EI}\left(\frac{1}{2} \times 6 \times 6 \times 6 \times \frac{2}{3} \times 2 + 6 \times 6 \times 6\right) = \frac{360}{EI}$$

$$\omega_1 = \frac{1}{2} \times 240 \times 6; \quad y_1 = \frac{2}{3} \times 6$$

$$\omega_2 = \frac{1}{2} \times 240 \times 6; \quad y_2 = 6$$

$$\omega_3 = \frac{2}{3} \times \frac{20 \times 6^2}{8} \times 6; \quad y_3 = 6$$

$$\Delta_{1P} = \sum \frac{\omega \, y_C}{EI} = -\frac{1}{EI}(\omega_1 y_1 + \omega_2 y_2 + \omega_3 y_3)$$

$$= -\frac{1}{EI}\left(\frac{1}{2} \times 240 \times 6 \times 6 \times \frac{2}{3} + \frac{1}{2} \times 240 \times 6 \times 6 + \frac{2}{3} \times \frac{20 \times 6^2}{8} \times 6 \times 6\right)$$

$$= -\frac{9\,360}{EI}$$

$$X_1 = -\frac{\Delta_{1P}}{\delta_{11}} = \frac{\dfrac{9\,360}{EI}}{\dfrac{360}{EI}} = 26\,(\text{kN})\,(\leftarrow)$$

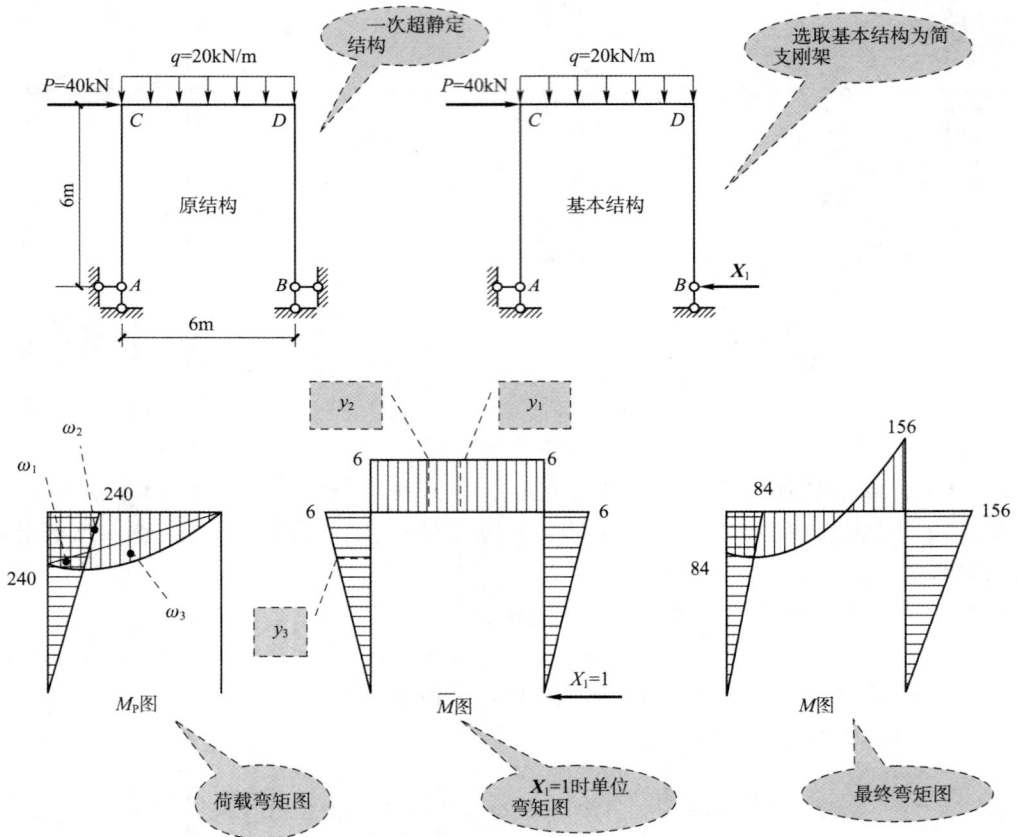

图　10-7

注:弯矩单位:kN·m。

14. 用力矩分配法求图 10-8 所示两跨连续梁的杆端弯矩,并作弯矩图。[见主教材习题 10-7 图 a)]

解:弯矩图见图 10-8。

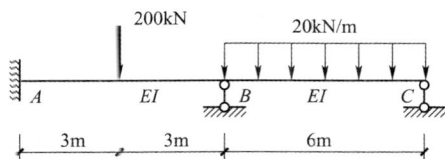

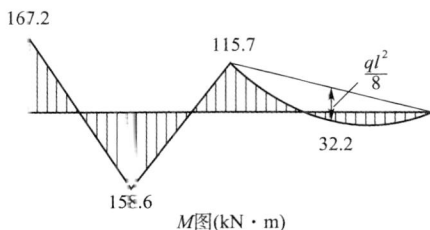

图 10-8

15.用力矩分配法求图 10-9 中两跨连续梁的杆端弯矩,作弯矩图。[见主教材习题 10-7 图b)]

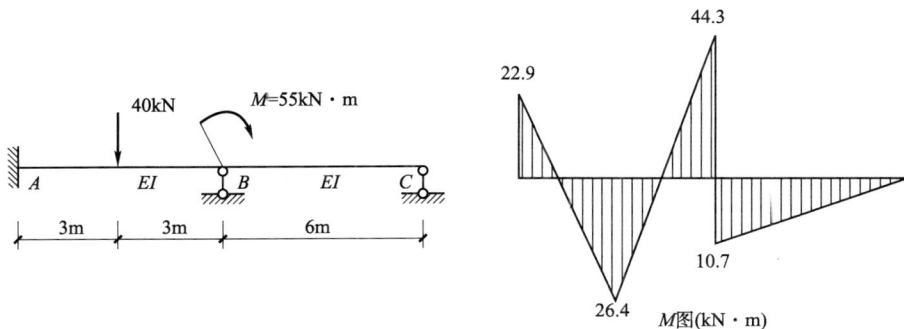

图 10-9

解:弯矩角分配与传递见表 10-1,弯矩图见图 10-9。

弯矩角分配与传递   表 10-1

M 分配系数	固端	4/7	3/7	铰支
固端弯矩 M	-30	30		0
分配与传递	-8.6 ←	-17.1	-12.9	0
分配与传递	15.7 ←	31.4	23.6	0
最后 M	-22.9	44.3	10.7	0

16.用力矩分配法求图 10-10 所示三跨连续梁的杆端弯矩,并作弯矩图。[见主教材习题 10-8 图 b)]

解:第 1 步:固定结点。在结点 B、C 处画附加刚臂,将三跨超静定梁转化成三根单跨超静定梁。AB、BC 均为两端固定的单跨超静定梁,CD 为一端固定一端铰支的单跨超静定梁。

第 2 步:计算分配系数。

(1)各杆的线刚度为:

$$i_{AB} = i_{BA} = \frac{EI}{6}; \quad i_{BC} = i_{CB} = \frac{EI}{2}; \quad i_{CD} = \frac{2EI}{3}$$

(2)各杆的转动刚度为:

$$S_{BA} = 4i_{BA} = \frac{2EI}{3}; \quad S_{BC} = 4i_{BC} = 2EI; \quad S_{CD} = 3i_{CD} = 2EI$$

(3)结点 B、C 的分配系数为:

$$\mu_{BA} = \frac{S_{BA}}{S_{BA} + S_{BC}} = \frac{\dfrac{2EI}{3}}{\dfrac{2EI}{3} + 2EI} = \frac{1}{4}$$

$$\mu_{BC} = \frac{S_{BC}}{S_{BA} + S_{BC}} = \frac{2EI}{\dfrac{2EI}{3} + 2EI} = \frac{3}{4}$$

$$\mu_{CB} = \frac{S_{CB}}{S_{CB} + S_{CD}} = \frac{2EI}{2EI + 2EI} = \frac{1}{2}$$

$$\mu_{CD} = \frac{S_{CD}}{S_{CB} + S_{CD}} = \frac{2EI}{2EI + 2EI} = \frac{1}{2}$$

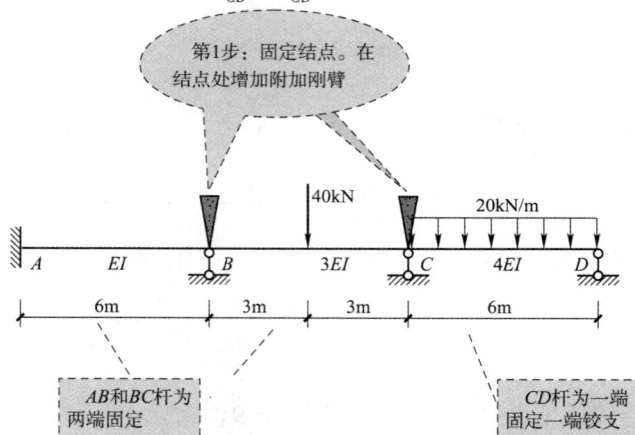

图 10-10

第3步:计算固端荷载。(见主教材表10-4-1)。

(1)BC 杆为两端固定。根据主教材表10-4-1 中序号3,集中力作用在中点时:

$$M_{AB}^{F} = M_{BA}^{F} = 0$$

$$M_{BC}^{F} = -\frac{Pl}{8} = -\frac{40 \times 6}{8} = -30(\text{kN} \cdot \text{m})$$

$$M_{CB}^{F} = \frac{Pl}{8} = \frac{40 \times 6}{8} = 30(\text{kN} \cdot \text{m})$$

(2)CD 杆为一端固定,一端铰支。根据主教材表10-4-1 中序号9,均布荷载分布在全长时:

$$M_{CD}^{F} = -\frac{ql^2}{8} = -\frac{20 \times 6^2}{8} = -90(\text{kN} \cdot \text{m})$$

（3）计算结点的不平衡力矩。

结点 B 的不平衡力矩为：

$$M_B = M_{BC}^F + M_{BA}^F = -30(\text{kN} \cdot \text{m})$$

$$M_C = M_{CB}^F + M_{CD}^F = 30 - 90 = -60(\text{kN} \cdot \text{m})$$

第 4 步：计算各结点的分配弯矩和传递弯矩，见表 10-2。注意要将结点的不平衡力矩反号进行分配和传递。首先从不平衡力矩较大的值开始，由结点 C 依次进行分配与传递的计算。

各结点的分配弯矩和传递弯矩   表 10-2

结点	A		B		C		D
分配系数	固端	1/4	3/4	1/2	1/2		铰支
固端弯矩	0	0	−30	30	−90		0
分配与传递			15	← ⎯ 30	30	⎯ →	0
	1.88	← 3.75	11.25	⎯ → 5.63			
			−1.41	← −2.82	−2.82		0
	0.18	← 0.35	1.06	⎯ → 0.53			
			−0.14	← −0.27	−0.27		0
	0.02	← 0.03	0.1	⎯ → 0.05			
最后 M	2.07	−4.13	−4.13	63.1	−63.1	⎯ →	0

第 5 步：绘制弯矩图 10-11。将各结点的杆端弯矩值求代数和，就能得到最后的杆端弯矩值。

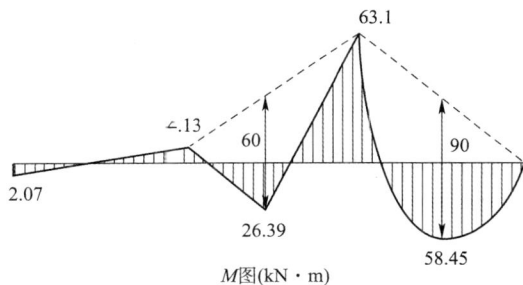

M图(kN · m)

图 10-11

17. 用力矩分配法求图 10-12 所示三跨连续梁的杆端弯矩，并作弯矩图。［见主教材习题 10-8 图 c）］

解：第 1 步：固定结点。在结点 B、C 处画附加刚臂，将三跨超静定梁转化成三根单跨超静定梁。AB、BC 均为两端固定的单跨超静定梁，CD 为一端固定一端铰支的单跨超静定梁。

第 2 步：计算分配系数。

（1）各杆的线刚度为：

$$i_{AB} = i_{BA} = \frac{0.75EI}{6} = \frac{EI}{8}; \quad i_{BC} = i_{CB} = \frac{1.5EI}{8} = \frac{3EI}{16}; \quad i_{CD} = \frac{EI}{6}$$

（2）各杆的转动刚度为：

$$S_{BA} = 4i_{BA} = \frac{EI}{2}; \quad S_{BC} = 4i_{BC} = \frac{3EI}{4}; \quad S_{CD} = 3i_{CD} = \frac{EI}{2}$$

（3）结点 B、C 的分配系数为：

$$\mu_{BA} = \frac{S_{BA}}{S_{BA} + S_{BC}} = \frac{\dfrac{EI}{2}}{\dfrac{EI}{2} + \dfrac{3EI}{4}} = \frac{2}{5}$$

$$\mu_{BC} = \frac{S_{BC}}{S_{BA} + S_{BC}} = \frac{\dfrac{3EI}{4}}{\dfrac{EI}{2} + \dfrac{3EI}{4}} = \frac{3}{5}$$

$$\mu_{CB} = \frac{S_{CB}}{S_{CB} + S_{CD}} = \frac{\dfrac{3EI}{4}}{\dfrac{3EI}{4} + \dfrac{EI}{2}} = \frac{3}{5}$$

$$\mu_{CD} = \frac{S_{CD}}{S_{CB} + S_{CD}} = \frac{\dfrac{EI}{2}}{\dfrac{3EI}{4} + \dfrac{EI}{2}} = \frac{2}{5}$$

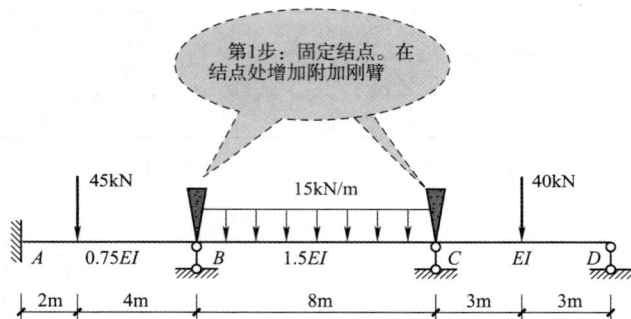

图 10-12

第 3 步：计算固端荷载。（见主教材表 10-4-1）。

（1）AB 杆为两端固定。根据主教材表 10-4-1 中序号 3，集中力作用在 AB 杆的三分之一处时：

$$M_{AB}^{F} = -\frac{Pab^2}{l^2} = -\frac{45 \times 2 \times 4^2}{6^2} = -40(\text{kN} \cdot \text{m})$$

$$M_{BA}^{F} = \frac{Pa^2 b}{l^2} = \frac{45 \times 2^2 \times 4}{6^2} = 20(\text{kN} \cdot \text{m})$$

（2）BC 杆为两端固定。根据主教材表 10-4-1 中序号 4，均布荷载分布在全长时：

$$M_{BC}^{F} = -\frac{ql^2}{12} = -\frac{15 \times 8^2}{12} = -80(\text{kN} \cdot \text{m})$$

$$M_{CB}^{F} = \frac{ql^2}{12} = \frac{15 \times 8^2}{12} = 80(\text{kN} \cdot \text{m})$$

（3）CD 杆为一端固定，一端铰支。根据主教材表 10-4-1 中序号 8，集中力作用在中点时：

$$M_{CD}^{F} = -\frac{3Pl}{16} = -\frac{3 \times 40 \times 6}{16} = -45(\text{kN} \cdot \text{m})$$

$$M_{DC}^{F} = 0$$

(4)计算结点的不平衡力矩。

结点 B 的不平衡力矩为：

$$M_B = M_{BC}^F + M_{BA}^F = 20 - 80 = -60(\text{kN} \cdot \text{m})$$

$$M_C = M_{CB}^F + M_{CD}^F = 80 - 45 = 35(\text{kN} \cdot \text{m})$$

第4步：计算各结点的分配弯矩和传递弯矩，见表10-3。注意要将结点的不平衡力矩反号进行分配和传递。首先从不平衡力矩较大的值开始，由结点 B 依次进行分配与传递的计算。

各结点的分配弯矩和传递弯矩 表10-3

结点	A		B		C	D
分配系数	固端	2/5	3/5	3/5	2/5	铰支
固端弯矩	−40	20	−80	80	−45	0
分配与传递	12	← —— 24	36	—— → 18		
			−15.9	← —— −31.8	−21.2	—— → 0
	3.18	← —— 6.36	9.54	—— → 4.77		
			−1.43	← —— −2.86	−1.91	—— → 0
	0.18	← —— 0.57	0.86	—— → 0.43		
			−0.13	← —— −0.24	−0.17	—— → 0
	0.02	← —— 0.05	0.07	—— → 0.05		
最后 M	−30.87	50.98	−50.98	68.28	−68.28	0

第5步：绘制弯矩图（图10-13）。将各结点的杆端弯矩值求代数和，就能得到最后的杆端弯矩值。

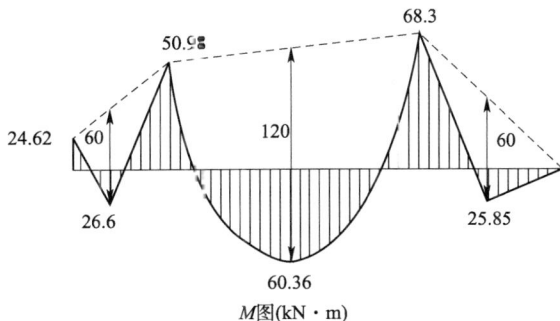

M图(kN·m)

图 10-13

四、自测题及答案

1.填空题

(1)使静定结构产生位移的主要因素是：_____，_____，_____。

(2)图10-14所示结构的超静定次数为_____。

(3)去掉一个固定铰支座，或拆除一个单铰，相当于去掉_____个约束。

(4)力法的基本未知量是_____。

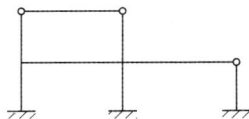

图 10-14

2.判断题

(1)静定结构的某一几何不变部分受平衡力系作用时,其余部分内力为零。　　　　　　（　　）

(2)增加杆件的刚度一定能减少荷载作用引起的结构位移。　　　　　　　　　　　　（　　）

(3)力法典型方程本质是结构的位移协调条件。　　　　　　　　　　　　　　　　　（　　）

(4)超静定结构的内力与杆件材料的弹性常数和截面尺寸有关,因此总可以用增大结构截面尺寸的办法来减少内力。　　　　　　　　　　　　　　　　　　　　　　　　　　（　　）

3.计算题

(1)荷载弯矩图和单位弯矩图如图10-15所示。试用图乘法计算位移。

(2)试用图乘法计算图10-16所示悬臂梁 B 点的转角 θ_B 和挠度 Δ_{BV} 。

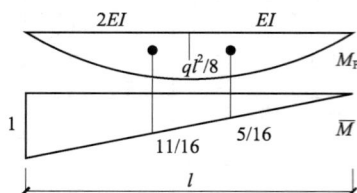
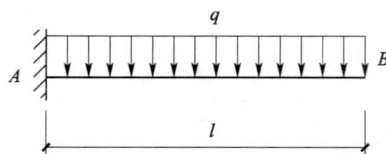

图　10-15　　　　　　　　　　　　　　　图　10-16

(3)如图10-17所示,用力法计算一端固定,一端铰支的单跨超静定梁的杆端弯矩,并画出弯矩图。

(4)计算图10-18所示两跨超静定梁结点 B 的分配系数。

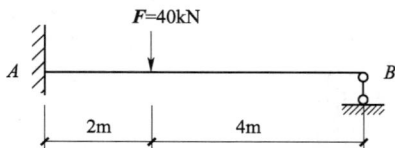
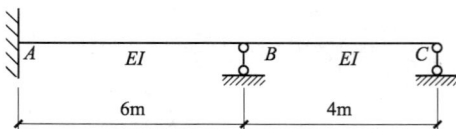

图　10-17　　　　　　　　　　　　　　　图　10-18

参考答案:

1.填空题

(1)荷载;温度变化;支座位移

(2)6次

(3)2个

(4)多余未知力

2.判断题

(1)√;　(2)×;　(3)√;　(4)×

3.计算题

$(1)\Delta = \sum \frac{\omega\, y_C}{EI} = \frac{1}{2EI}\left(\frac{2}{3} \times \frac{ql^2}{8} \times \frac{l}{2} \times \frac{11}{16}\right) + \frac{1}{EI}\left(\frac{2}{3} \times \frac{ql^2}{8} \times \frac{l}{2} \times \frac{5}{16}\right) = \frac{7ql^2}{256EI}$

$(2)\theta_B = \dfrac{Pl^2}{2EI}($顺时针转向$);\Delta_{BV} = \dfrac{Pl^3}{3EI}(\downarrow)$

$(3)M_{AB} = -90\mathrm{kN}\cdot\mathrm{m}$

$(4)\mu_{BA} = \dfrac{2}{3};\mu_{BC} = \dfrac{1}{3}$

五、阅读材料

长块石料下方垫圆木方案的比较分析

如图 10-19 所示,人们在放置长块石料时,需要在石料下方垫上圆木。最初使用两根圆木,垫的方式如图 10-19a)所示,但这样垫圆木常使石料断裂。后来,人们将垫圆木的方式改为如图 10-19b)所示,这样之后情况有所改善,但有时石料依然断裂。于是又有人建议,如图 10-19c)所示那样垫上三根圆木。试问:

(1)在图 10-19b)所示情况下,石料一般会在什么截面断裂? 裂纹最先在该截面的什么位置出现?

(2)按照图 10-19c)方法,能否比图 10-19b)情况得到进一步改善? 如果能改善,改善的程度有多大? 图 10-19c)中的石料一般会在什么截面断裂? 裂纹最先在该截面的什么位置出现?

(3)能否设计一种更佳的方案,只是垫上两根圆木,通过调整所垫圆木的位置,就能比图 10-19c)所示情况更加安全?

分析如下:

(1)图 10-19b)所示的计算简图为外伸梁,如图 10-20 所示。

绘制弯矩图得到最大弯矩 $ql^2/32$。

可见:因为最大弯矩 $ql^2/32$ 发生在支座 C、D 处,石料会在圆木支承截面断裂。裂纹最先在该截面的上边缘出现,因为此处拉应力最大。

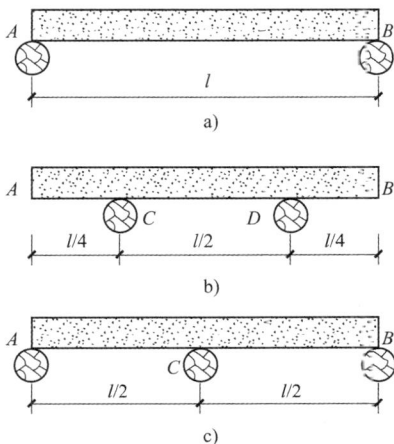

图 10-19

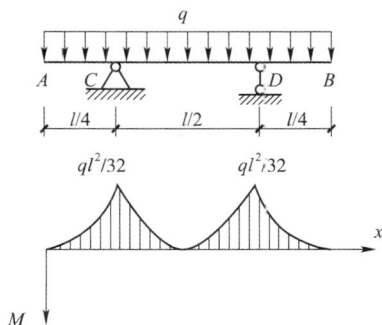

图 10-20

（2）按照图 10-19c）所示，在石料中部增加一根圆木，此时计算简图为超静定梁，如图 10-21 所示。

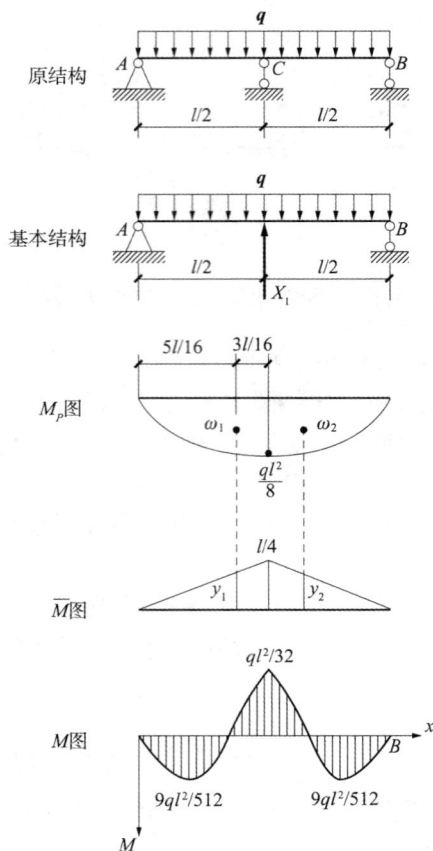

图　10-21

超静定梁为一次超静定。可采用力法计算多余约束的支座反力。计算过程如下：

①选取基本结构。解除 C 点支座链杆，加单位集中力 X_1，为一次超静定结构。

②列力法典型方程。

$$\delta_{11}X_1 + \Delta_{1P} = 0$$

③画荷载弯矩图和单位弯矩图，设 $X_1 = 1$。

④计算系数和自由项。

$$\delta_{11} = \frac{2}{EI}\left(\frac{1}{2} \times \frac{l}{2} \times \frac{l}{4} \times \frac{2}{3} \times \frac{l}{4}\right) = \frac{l^3}{48EI}$$

$$\omega_1 = \omega_2 = \frac{2}{3} \times \frac{l}{2} \times \frac{ql^2}{8} = \frac{ql^3}{24}$$

$$y_1 = y_2 = \frac{5}{16} \times \frac{l}{4} \times 2 = \frac{5l}{32}$$

$$\Delta_{1P} = -\frac{2}{EI}\omega_1 y_1 = -\frac{2}{EI}\left(\frac{ql^3}{24} \times \frac{5l}{32}\right) = -\frac{ql^4}{12 \times 32EI}$$

$$X_1 = -\frac{\Delta_{1P}}{\delta_{11}} = \frac{\dfrac{5ql^4}{12 \times 32EI}}{\dfrac{l^3}{48EI}} = \frac{5ql}{8}(\uparrow)$$

⑤计算支座反力。

$$V_C = \frac{5}{8}ql, \quad V_A = V_B = \frac{3}{16}ql$$

⑥画弯矩图如图 10-21 所示。最大弯矩为 $ql^2/32$,发生在支座 C 处。

可见按照图 10-19c)的方法,不能使图 10-19b)情况再得到改善,因为最大弯矩不变。石料会在弯矩最大的跨中截面断裂。裂纹最先在该截面的上边缘出现(拉应力最大)。

(3)最佳方案如图 10-22 所示。当 a 取何值时,梁的最大弯矩取得极小值,此时所垫圆木的位置就是最安全的。

根据本书课题四的阅读材料中最佳吊点分析可知:

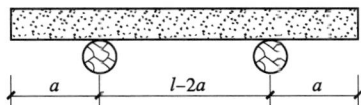

图 10-22

$$a = \frac{\sqrt{2}-1}{2}l = 0.207l$$

梁的最大弯矩取得极小值:

$$M'_{max} = 0.021\ 45\ ql^2$$

此时比图 10-19c)所示情况节省圆木,且更加安全。

最大弯矩降低比例:

$$\frac{M_{max} - M'_{max}}{M_{max}} \times 100\% = 31.36\%$$

材料来源:第八届江苏省大学生力学竞赛(专科组)竞赛题